給新手的
圖像簡報
會議技巧

將思考化為圖形

將會議化為圖畫

久保田麻美——著

前言

將討論內容視覺化的圖像記錄

「本來是想開有關生產方面的會議,但討論遲遲沒有進展……」
「開了冗長的會議,結果不知道決定了什麼……」
「想到很好的點子,卻沒辦法順利傳達給其他人……」

　　各位在日常工作中,是否曾經遇到上述的煩惱呢?對於那些想克服這些煩惱,並提高工作生產力和創造力的人,我推薦「圖像記錄」。

　　圖像記錄是一種透過在會議等場合,將討論內容即席視覺化的技巧,能夠幫助溝通交流,例如認知共享和發現問題等。近年來,圖像記錄作為在各種工作場合都能派上用場的溝通技巧,受到大眾關注。

我在設計顧問公司擔任設計師，主要是以物品、資訊與人類的關係為重心，思索未來產品和服務的理想型態。在與各種行業和職業的人士共事的過程中，我在不同的工作場合將想法和討論內容「視覺化」，並切身感受到實踐的效果。

此圖為我將自我介紹濃縮成一張圖像後呈現的結果。如圖片所示，圖像的力量就在於，可以結合文字、圖畫、圖表的重點，一目了然地表示出想傳達的內容。

舉例來說，在向他人解釋自己提出的想法時，也可以透過一張圖畫，將無法用言語表示的內容視覺化，立即將想法傳達出去。毫無進展的會議也是，只要整理成圖表後就能釐清問題，促使討論往前推進。此外，在與會者的專業都不同的情況下，利用圖畫和圖表將討論內容視覺化，形成共同語言，推動多方合作。

就如上述所言，我在所有的場合利用「視覺化」，並逐步運用於工作上。本書是結合設計的視角，彙整了我在實踐中累積的圖像記錄技術。**各位讀者可以透過這本書學到圖像記錄的必備知識和技巧。**

習得繪製思考的技術

圖像記錄是「視覺思考」的基礎。視覺思考是指，藉由「繪製思考」的行為，將腦中複雜的想法描繪成簡易圖畫的思考法。因為這是學習圖像記錄時的重要概念，本書會先從視覺思考的基礎開始學習。

視覺思考大致可得到以下3種效果。

●提高思考力
在將繁複的想法或討論內容畫在紙上的過程中，有助於彙整資訊，並全方位審視整體情況。藉此釐清問題或是發現新的關聯性，提高思考能力。

●活化溝通
無法只靠文字或言語傳達的內容，只要繪製成圖畫或圖表，就能讓對方順利理解。以此成為跨越知識和語言壁壘的共通語言，使交流更加活躍。

●提升創造力

透過繪圖，可以輕鬆產生出許多想法。如果將想法化成圖形，就能輕鬆與他人共享，並與相關人員針對創造性進行討論。

　　若是能藉由本書習得繪製思考的技術，就能提高「**思考力**」、「**溝通能力**」、「**創造力**」這3個工作上不可或缺的能力。

描繪未來的工具

　　圖像記錄是一項實用的技能，無論是對個人還是團體組織來說，都可以成為開創未來的武器。將討論內容視覺化的可能性推廣到世界各地的大衛・席貝特（David Sibbet），在其著作《Visual Meetings》*中，收錄了以下的內容。

　　「促進人與人之間的關係，連接不同的思考迴路，讓所有的想法可以完全運轉，產生出意想不到情形。（圖像記錄）可以說是我們用『描繪未來』的工具。」

　　在瞬息萬變的世界中，今後愈來愈需要可以找出問題答案的思考力，以及與各種行業和不同立場的人合作，用創新的方式解決問題的能力。本書教授的圖像記錄技術，不僅能幫助各位思考，而且還會作為團隊的共通語言，成為描繪未來發展不可或缺的一部分。

* 《Visual Meetings: How Graphics, Sticky Notes and Idea Mapping Can Transform Group Productivity》（大衛・席貝特著）

不擅長畫圖也沒問題

　　覺得自己不擅長畫圖的人請放心，圖像記錄不需要繪畫或特別的才能。在圖像記錄中並不追求準確、精緻，重要的是快速繪製傳達用的圖畫。只要稍微學習畫線的方法等訣竅，任何人都能畫出傳達用的圖畫。同步閱讀本書和實際練習，就能馬上學會圖畫的繪製法、文字的書寫法和圖表的製作法。各位只要準備好紙、筆與享受畫畫的心情即可。

　　希望透過本書掌握的圖像記錄技巧和思考方法，能作為各位解決日常工作各種問題的方法之一，以及開創未來的工具派上用場。

久保田　麻美

想要向這些人推薦這本書

業務　　顧問　　策劃　　教練　　研究人員　　插畫家　　以及現在正在閱讀本書的

企劃　專案經理　　老師　　工程師　　設計師　　你！

本書概要與使用方法

　　本書是任何人都可以立即著手進行的圖像記錄工作輔助書。舉凡視覺思考的基本、傳達用圖畫的繪製法、文字的書寫法、圖表的製作法，以及方便練習與實際運用的 iPad 活用術，只要這一本就能學會圖像記錄的必備知識和技巧。

動動手吧！

　　本書的目標是，藉由動手繪製圖畫或圖表，培養思考力和表達能力，因此收錄了許多簡單的小練習。請各位準備好紙筆，務必主動積極地練習。

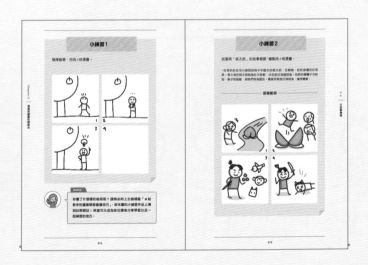

活用圖像庫！

　　書籍最後提供了由全書圖畫和圖表的範例彙整而成的圖像庫，方便各位查看。煩惱不知道要畫什麼才能傳達訊息時，請翻閱並運用此圖像庫。

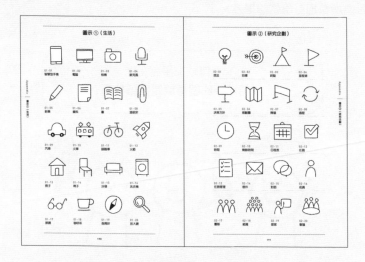

　　此外，我還為購買本書的讀者準備了特別贈品，從下方提供的網址可以免費下載圖像庫的圖畫和圖表。請各位自由運用，例如列印下來練習繪製圖畫或是使用在發表資料和企劃書上。

https://www.shoeisha.co.jp/book/present/9784798164885
＊必須登入 SHOEISHA iD 才能下載。

〈關於本書的外部連結〉
・本書中所有的外部連結（網址及 QR code）均為日文網頁，
　僅供參考。
・外部連結之網頁有變動或移除的可能。
・外部連結之內容不代表本書立場。

分享繪製的成果！

　　請務必將各位的「學習過程」，例如在本書的小練習繪製的圖畫或是練習時畫出的圖表等，拍照並附上本書的主題標籤（Hashtag），上傳至 Twitter、Instagram 或 facebook。希望這個主題標籤可以成為各位讀者相互學習的地方。

在 note 確認最新資訊！

　　這本書誕生於我從 2018 年開始連載的 note 文章。之後我將會繼續在 note 連載未收錄於本書的訣竅和最新訊息，請務必前往閱讀。

作者個人網頁「くぼみ note」
https://note.com/kuboasa

目錄

Chapter

1

視覺思考的基本

視覺思考具有什麼效果？可以活用於什麼場合？在學習
圖像記錄前，先來認識作為其基礎的視覺思考，本章將
會講述視覺思考的基本知識。

1-1 什麼是視覺思考？

視覺思考是一種將腦中想法視覺化的舉止動作。將繁複的想法描繪成單純的圖像，有助於釐清思緒並傳達給他人。

視覺思考是將腦中想法
視覺化的過程

你是否有過在構思企畫案等時候，因為腦中的想法雜亂無章，為了整理清楚而一一寫在筆記本上的經驗呢？

「邊畫邊思考」是一種非常自然的行為，甚至有很多人會在無意中這麼做。視覺思考是指來回於「思考」、「繪圖」、「觀看」之間，將腦中想法視覺化的舉動，有目的地加以運用的話，就能在各種場合發揮

作用，例如提出想法或是整理討論內容等。將腦中的想法或談話的內容，利用文字、圖畫和圖表視覺化並描繪在紙上。**透過讓看不見的東西，例如構想的種子、模糊的疑問、含糊不清的想法變得可見，有助於整理、深思以及重新審視自身的想法。**

大腦是以圖像來思考

符號圖形、圖章、圖解、插圖、照片、影片……我們每天都會將大量的訊息轉化成視覺情報來進行消化。據說，人類獲得的情報中高達80%都是從視覺得來的。

此外，大量的研究顯示，視覺與認知和學習有密切的關係。所以**對我們的大腦來說，以視覺思考是再自然不過的事情。**

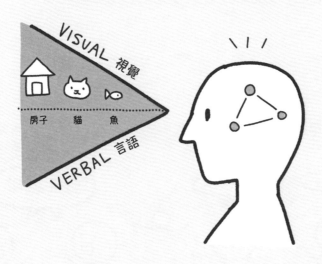

> **memo**
>
> 根據心理學家艾倫‧帕維奧（Allan Paivio）提出的「雙碼理論」（Dual-Code Theory），人類的大腦使用語言和視覺兩個渠道來處理訊息，並連接語言和視覺進行記憶。

圖像語言跨越言語的壁壘

許多人在向他人傳達想法時，會使用口說或書面語等「口語語言」（verbal language），但這只是一種溝通的途徑。在「無論如何都沒辦法用言語傳達」、「無法用言語清楚表達想法」時，如果是「圖像語言」（visual language）的話，就能直接傳達腦中的畫面。

言語
只不過是溝通語言之一

圖像
是另一種溝通語言！
而且還是世界共通語言！

而且圖像語言也是世界共通語言。無法用言語傳達的話，只要化為圖畫或圖表，就能讓對方直觀地理解。因此，圖像語言成為一種跨越知識和語言的限制，讓所有人都能相互分享的共通語言，促進了人與人之間的交流。

用於視覺化的是文字、圖畫和圖表

　　視覺化中使用的是文字、圖畫和圖表。在本書中，將這3者合稱為「圖形」。

　　各位可能會訝異地覺得：「文字也可以視覺化嗎？」然而，要正確地傳達事物含意，文字是不可或缺的要素。此外，圖畫是用來傳達畫面，圖表則是將複雜的資訊整理成表格。

　　本書會分別在第2、3、4章分別說明圖畫的繪製法、文字的書寫法及圖表的製作法，讀者可以跟著一步一腳印地學習這些技能。

1-2 視覺思考帶來的3種效果

掌握視覺思考的技巧後，可以獲得什麼樣的效果呢？以下讓我們一起來看具體的細節。

視覺思考帶來的效果

　　相較繪製出的圖畫，圖想思考**更注重的是繪製過程的本身**，這個過程對於繪製的人自己，以及觀看的對象，甚至是團隊或組織都會產生各種不同的效果。就如「前言」中所說的，視覺思考帶來的效果大致可分為「**提高思考力**」、「**活化溝通**」、「**提升創造力**」這3種。

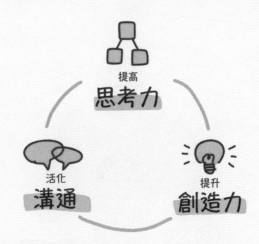

提高思考力

● **整理思緒**

將不同層面的想法和構想一起寫在紙上，
以便於將資訊分類或結構化。有助於整理
腦中的想法以及突破陷入僵局的會議。

● **簡化和概括想法**

繪圖這個動作看似簡單，但在這個過程中
我們的大腦其實會進行「什麼要畫、什麼
不畫」的取捨行為。因此，在實際描繪
時，將會學會如何排列事物的優先順序，
並選擇真正重要的部分，

● **綜觀整體**

在紙上畫出想法和討論的流程，就能形成
思考的「地圖」。讓所有參與會議的人都
可以一覽全局，進而從更長遠的角度來考
量。

● 簡單就能記憶

我們的大腦善於結合訊息和圖像來進行記憶。只要將學到的內容繪製成圖後將之結構化，就能加深對內容的理解，並提高學習效果。

活化溝通

● 提高參與意識

多人進行討論時，經常會出現往往都是說話大聲的人在發表意見，其他參與者難以提出想法的情況。不過，若當面讓參與者看到自己的發言內容被記錄下來，他們就會感到「有人在聽我講話」、「有人承認我的存在」，並開始主動參與討論。因此，視覺思考有助於降低發言門檻，提高參與意識。

● 成為團隊的共通語言

不同職業或立場的人在說話時，可能會因為專門領域和背景知識的不同，造成言語差異，無法達到共識的情況。而圖形是一種跨越知識和言語的壁壘，幫助團隊或組織相互理解的共通語言。

●刺激、加快討論的進度

快速地將參與者的意見描繪在紙上，讓大家共享資訊，可以刺激、加快深入思考和重新提問的討論過程。

●促使團隊達到共識

即使參與者的意見在會議上產生衝突，只要有作為媒介並被視為中立訊息的繪製內容，就能獲得擺脫相互對立的契機，使團隊或組織的每一個人都能朝著同一個目標前進。

●共享記憶

只要以圖形的形式留存，就連過去的漫長會議都能馬上想起內容。因此不會發生「我記得當時相談甚歡啊……但到底說了什麼……」這種情況。另外，也可以將會議的大略內容和氣氛，轉達給不在現場的其他人。

提升創造力

● 可以將腦中的想法具體化

無論腦中有多棒的想法，若不能具體傳
達給他人，那就只是空想。透過組合簡
單的圖形和記號，快速地將腦中想法視
覺化，就能輕易深入、擴展和分享想法。

● 發現新的關聯

在將想法畫在紙上的過程中，可以更容易
聯想到以往從未浮現的想法，並以新的角
度來構思。

● 以故事來傳達想法

視覺思考中會使用許多情感和隱喻表達
（比喻其他事物）。只要結合這些表達方
式，就能以故事的形式表現出想要傳達的
想法和概念，讓人留下深刻的印象。

●成為表達自我的工具

視覺思考非常適合用來表達自我。無論是
對於喜歡表達自身想法的人，還是不擅於
表達的人，都可以降低表達自我的門檻，
促使人發揮創造力。

●提高團隊的創造力

如果在團隊或組織中採用視覺思考，就能
營造出創造性的氛圍，無論是什麼職業，
任何人都能平等地交換想法。

　　只要透過本書掌握「邊畫邊思考」的視覺思考能力，就能提高思
考力、溝通能力和創造力，除了會議外，在平時工作會遇到的各種場
合都能派上用場。

1-3 視覺思考的使用方法

視覺思考要怎麼使用呢？以下介紹4種使用方法，幫助各位活用透過本書所掌握的技能。

塗鴉筆記

　　結合文字、圖畫和圖表來做筆記的方法，稱為塗鴉筆記或視覺筆記。靈活運用圖畫和圖表，整理演講聽到的內容或書本上學習到的知識，有助於記憶和深入理解。

可以用於這些場合 … 學習、閱讀、演講、傳播資訊
掌握章節 ………… 第2章～5章

\將學習彙整成
圖像的筆記術/
塗鴉筆記

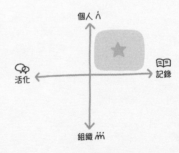

個人

活化　　　　記錄

組織

構想草圖

構想草圖是指將腦中想法畫成簡單的圖畫，快速嘗試腦中想法的方法。這種方法不僅更容易傳達自身的意見，也能輕鬆在團隊中分享彼此的想法。

可以用於這些場合 … 企劃、構思創意、腦力激盪、製作發表資料
掌握章節 …………… 第2章

將想法繪製成圖畫
傳達出去
構想草圖

圖像記錄

　　圖像記錄是在會議或演講的過程中，使用圖畫、圖表即席記錄對話內容的方法。進行這項作業的人稱為「視覺圖像記錄師」。以簡單明瞭的方式彙整討論內容，可活化交流，促使相互理解和達成共識。

可以用於這些場合 … 會議、講座、演講、訪談
掌握章節 ………… 第2章～6章

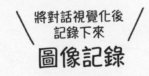

圖像引導

　　圖像引導＊是在參與對話的同時，運用圖形促使參與者發言和對話的方法。相較於記錄完整的內容，圖像引導注重的是作為催化劑活化現場的交流。可以說是無縫穿梭於引導者和視覺圖像記錄師之間的一種方式。

＊引導：為了讓會議和談話更有效率地進行，鼓勵發言、彙整談話流程並幫助達成共識的一種行為。

可以用於這些場合 … 　會議、講座、課堂
掌握章節 …………… 　第2章～6章

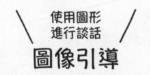

使用圖形
進行談話
圖像引導

1-4 視覺思考的活用實例

視覺思考可以運用於哪些場合呢？本小節蒐集了許多活用實例。前半段舉出的是我實際遇到的例子，後半段則是實踐者在各種場合發揮視覺思考的經驗。

利用塗鴉筆記深入學習

塗鴉筆記是為了讓自己的學習更加深入所做的筆記。我平時會將在演講中聽到的或在書上讀到的內容記錄在塗鴉筆記中。在使用圖畫或圖表，自己進行彙整的過程中，除了會加深對內容的理解，還有助於留存在記憶中。

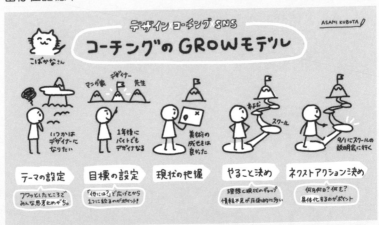

- 在聽完演講後，一邊回想聽到的內容一邊繪製的塗鴉筆記。
- 重點在於比喻的使用方式。我認為「達成目標就像爬山」，所以將目標比喻成「山」，達成目標前的步驟則用「道路」來表示。

「デザイン×コーチング×SNS」（2019）　講師：こばかな　主辦：Digital Hollywood 大阪校
Procreate（iPad）

- 在聽講的時候，先用黑筆畫下重點，回家後才塗色。
- 要依照時間順序描繪說話流程的時候，適合使用直向版面。
- 除了聽到的內容，連同自己的感想和感受一起繪製，會進一步加深學習。

「インフォグラフィックス　ワークショップ」（2019）
講師：木村博之　主辦：特定非營利活動法人、人間中心設計推進機構
Procreate（iPad）

memo

由於工作性質的關係，我對數位工具相當熟悉，因此這裡大部分的例子都是用 iPad 和 Apple Pencil 來繪製。但除此之外，也有很多可用於視覺思考的工具，例如白板和模造紙等。詳細資訊請參閱 6-3。

抒發腦中的想法

在獨自思考創意時，我會立即將腦中出現的畫面繪製成圖畫或言語，表達出想法。

- 思考關於訊息服務的創意時，畫在筆記本上的塗鴉。
- 在需要快速畫出許多想法時，比起 iPad，我個人更傾向使用紙和筆。

筆記本、原子筆

製作傳達用的發表資料

我在製作發表資料時，會盡量使用自己描繪的圖畫和圖表。這麼一來會更容易傳達出自己想告訴對方的概念和想法。

- 將常用的圖畫儲存起來，以便於隨時取用（圖2）。
- 現在公司的同事也會用這些圖畫來製作資料，圖畫逐漸成為團隊的共通語言。

Procreate（iPad）、Keynote（Mac）

激發組織的創意

　　我任職的公司為企業舉辦了許多發想創意研討會。提供一個地方，讓參與者可以跨部門和職位，平等地交換、討論想法，並幫助組織打造出創造性基礎。

- 在製造商舉辦的視覺思考研討會。來自不同部門和職位的參與者齊聚一堂（圖1）。
- 練習完第2章也會介紹的「傳達用圖畫的繪製法」後，讓參加者以三格漫畫表達對新客戶體驗的想法（圖2）。
- 最後將想法貼在牆上，大家相互分享。營造出一個所有參與者都能平等地共享想法，並進行討論的場合（圖3）。

「ビジュアルシンキングワークショップ」（2019）　主辦：GLORY LTD.、softdevice inc.
A4紙、麥克筆、簽字筆

以圖像記錄
將演講內容視覺化

　　我以自己的專業領域，也就是有關設計專業的活動為中心，在各個演講和活動中實際使用iPad的數位圖像記錄。同時加深參與者的理解，鼓勵他們發現和對話。

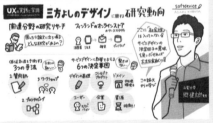

- 以投影機將iPad繪製的內容投影到發表者的投影片旁。投影時最好選擇可以同時看到參與者和發表者的地方。
- 這時有2位視覺圖像記錄師，由每位發表者輪流擔任。雖說要活用兩人的繪製特色，也還是要統一共同的部分（標題、版面）和顏色。
- 發表後在聚會上播放圖像記錄的縮時影片，並鼓勵參與者和發表者對談。

「UXの実践と深淵～HCD事例発表会＋Fuure Enc FXフォーラム～」（2020）
主辦：特定非營利活動法人、人間中心設計推進機構（HCD-Net）
共同舉辦：日本人間工學會ERGO DESIGN部會
圖像記錄：softdevice inc.グラレコ部
Procreate（iPad）、投影機

利用圖像記錄跨越語言的隔閡

在聚集多國籍人士的活動或是國外講者的英文演講等，需要跨越語言的隔閡、連結所有人的場合，積極地運用英文圖像記錄。

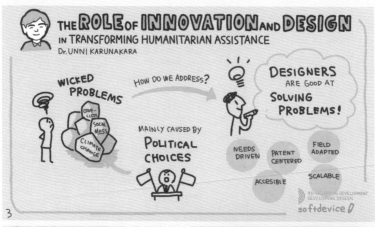

- 利用圖畫、圖表和簡單的英文關鍵字，將國外嘉賓演講人的英文演講內容繪製成圖像記錄的實際例子。幫助不擅長英文的日本參加者理解內容。
- 之後與日文文章一起收錄在活動報告中。

「4D Conference Osaka 019- Meanings of Design in the Next Era」（2019）
主辦：4D Conference、立命館大學デザイン科學研究センターDML
（Design Management Lab）
圖像記錄：softdevice inc.グラレコ部
Procreate（iPad）、投影機

線上討論內容視覺化

　相較於面對面討論，線上對談經常會出現話題遲遲沒有進展的情況，因此將討論內容視覺化尤為重要。利用數位白板，與會者就能一起即席繪製。

- 這是將兩人在線上談話的同時，一起進行圖像記錄的畫面發布出來的例子。
- 利用視訊會議軟體進行語音交流時，可以用一種叫做 Google Jamboard 的數位白板，一起在一塊白板上即席繪製。

「Drawn Conversations – Asami Kubota – Tips and for Malishenko Tricks Online Workshops」（2020）
主辦：Yuri Malishenko
插畫：Yuri Malishenko、久保田麻美
https://youtu.be/KhpSCYaoc-E
Google Jamboard

以教育 × 視覺思考
鼓勵主體性和互動性學習

在教育現場使用視覺思考的例子愈來愈多，有助於主體性和對話性學習。

- 這個例子是在京都高中舉行的特別課程中，將圖像記錄用於學生和嘉賓演講人之間的討論過程（圖1）。
- 使用大型布幕和商務投影機來投影。在可容納200位以上聽講者的場地也能看得很清楚（圖2）。
- 製作了一張回饋表，讓聽講者用表情圖和對白來表示參與課程前後的想法變化。可以引導聽講著表達出只透過文字難以呈現的細微感受（圖3）。

「京都府立東稜高中 人權學習」（2019）
主辦：京都映畫センター
Procreate（iPad）、投影機

將願景和概念視覺化

　想要將企業的願景和服務概念等看不見的抽象事物傳達給更多人時，視覺化尤為重要。只要一張圖像就可以用來說明，因此成為動員人們的「地圖」。

- 這是一部概念電影，用來傳達經營100年的京都漆器店，致力於向世界介紹漆器魅力的企劃願景和概念。
- 透過反覆聽取，逐步將想傳達的內容整理好。為了讓不了解漆器的外國人也能輕易理解，使用了圖畫和動畫。
- 對象是國外人士，所以用英文來製作。同時也發布於這項企劃的專門網站上。
「Beyond Traditionコンセプトムービー」堤淺吉漆店
動畫：久保田麻美
英文監修：Michael Howard Maesaka
https://www.rethink-urushi.com/
Procreate（iPad）、After Effects（影片編輯）

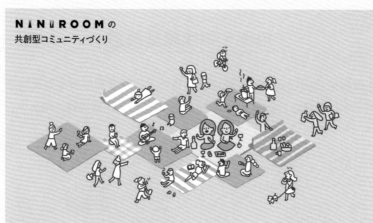

- 這是一部概念電影，用來說明京都飯店以「朋友的房間」為概念的社區營造活動。
- 將地區和人們緩慢參與的過程比喻為野餐時朋友圈擴大的樣子，利用手繪動畫來表示。在向他人傳達新的概念時，善用比喻來創作故事，更容易在他人的腦海裡留下印象。
- 製作目的是為了在商業競賽中發表演說，所以在發表演說時，演說者要配合影像進行口頭說明。

「NIINIROOMの共創型コミュニティづくり」（2019）HOSTEL NINIROOM
https://kubomi.myportfolio.com/niniroom
Procreate（iPad）、After Effects（影片編輯）

描繪、傳達課堂內容

在課堂或研討會上傳授知識時，透過邊說明邊同步繪製圖畫或圖表，可以配合參與者的反應和理解程度，隨時調整想傳達的內容。

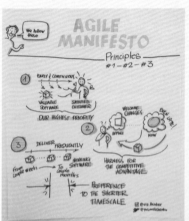

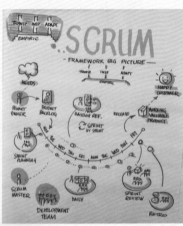

- 這是在丹麥企業擔任敏捷教練的Yuri運用視覺思考的例子。
- 據說他在公司內部研修中講課時，邊說明邊當場將說話的內容繪製成圖畫，完全不用投影片。除了使用模造紙和白板（圖1、圖2），他還透過文件提示機，將繪製A4紙的模樣，投射在螢幕上，與現場的聽眾分享。

「Introduction to Visual Thinking」（2019）
https://youtu.be/lJiCQ6e384g
「How visual thinking can make you a better agile coach」
https://medium.com/graphicfacilitation/hcw-visual-thinking-cari-make-you-a-bettr-agile-coach-baae57d9de6b
Yuri Malishenko

以插圖傳達企劃過程

　　在發表企劃成果時，除了最後的結果，也必須共享過程。想要靈活、大略地傳達過程時，手繪草圖和插圖是最適合的方式。

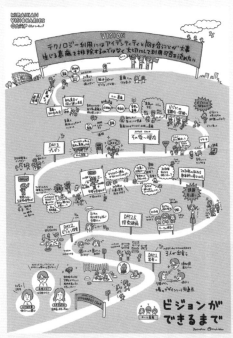

- 這是負責插圖視覺化的中尾仁士將企劃過程視覺化的例子。
- 在一個名為「未来館ビジョナリーキャンプ」的企劃中，將團隊最終藍圖的過程視覺化，繪製成一張插圖，並與團隊的作品一起展示。
- 將形成藍圖的過程比喻為「旅途」，並將過程中產生的想法和思緒化做富有吸引力的插圖穿插在其中。透過手繪的委婉表現，傳達出溫度和真實感。

「未来館ビジョナリーキャンプ」（2019）
主辦：日本科學未來館
插畫：中尾仁士
https://note.com/hit/n/n76c3b04367dd

創造對話平台

大型活動和公開論壇也可以透過將對談視覺化，創造出讓出席者之間可以進行雙向談話的平台。

- 這是由Graphic Catalyst Biotope提供，在「富士通フォーラム2019」上利用圖形現場繪製的例子。
- 圖形板是將出席者和解說員對話中出現的關鍵字加以描繪製作而成的。不是單方面的傳達訊息，而是與出席者進行雙向談話（圖1）。
- 在對談環節中將使用iPad的數位圖像記錄投影到會場的螢幕上，並在這個環節結束後拿來作為總結等等。除了繪製記錄外，也積極用於促進雙方對話（圖2、3）。

「富士通フォーラム2019」（2019年）Graphic Catalyst Biotope
http://www.graphiccatalyst.com/posts/6254473

Chapter 2

傳達用圖畫的
繪製法

本章介紹的傳達用圖畫的繪製法，就連不擅長畫畫的人也
能立即上手。準備好紙、筆，動動手學習吧！

2-1 傳達腦中畫面的圖畫

只要可以快速地將想法繪製成圖畫，就能立即向對方傳達腦中的畫面。

僅憑言語的話，腦中印象容易有出入

我們平時都是以言語來溝通，這時說話者會將腦中的畫面「翻譯」成言語，聽者則會在「理解」聽到的言語後重塑成畫面。然而，要以言語完整表達出腦中的想法並非是件簡單的事，再加上即使可以翻譯成言語，但聽者不一定會照著說話者的想法來理解，導致雙方腦中的印象出現偏差。這就是造成「我以為已經傳達了但其實沒有」、「我以為對方了解了但其實沒聽懂」的原因。

我在工作中也曾遇過好幾次，以為與客戶在會議上已經達成共識，但在我根據這個共識製作出企劃案並提交給客戶時，得到的回覆卻是「這和我想的不一樣」，因而感到失落不已的經驗。

以圖畫傳達腦中的畫面

　　由於這些讓人懊惱的經歷，我開始在會議中將提出的想法立即繪製成圖畫，並讓對方確認。「所以您的意思是這樣嗎？」在我將繪製的圖畫交給對方時，對方會給予「就是這樣！」或「不是，我的想法是這樣」之類的回饋，我便可以藉此拼湊出更為準確的圖像。像這樣**將想法翻譯成圖畫，就能輕鬆、及時地傳達出腦中的畫面**。

直接傳達腦中的
畫面

快速描繪傳達用圖畫

　　本書的目標不是花時間畫出正確或漂亮的圖畫，而是要透過描繪的方式，將想法傳達給對方。也就是說，畫出的圖畫是為了用來和他人溝通交流。因此，重點在於「要快速地描繪出用來向他人傳達的圖畫」。接下來我要講解的是，任何人都可以從今天開始上手的繪圖方法。請務必跟著動動手，享受畫圖的樂趣！

2-2 用具準備

在開始練習繪圖前，要先介紹想請各位準備的筆，以及這些筆的基本使用方法。

準備好紙和筆

就算只有1枝筆也能開始畫，但在本書建議準備好4枝筆後再著手。分別是**1枝黑色簽字筆和3枝麥克筆**。麥克筆的顏色請選用基本色黑色、輔助色淺灰色，以及作為強調色的色系（黃色、橘色或淺藍色等）。或許各位會想說「這樣就夠了嗎？」但如果隨意增加顏色數量，可能會猶豫要選擇什麼顏色，或是因為顏色太多導致畫面顯得很雜亂。所以建議一開始先從單純樸素的配色開始（關於顏色的詳細內容請參閱5-2）。

若是想用iPad等數位工具，那就準備兩種粗細的筆刷與3色調色盤。

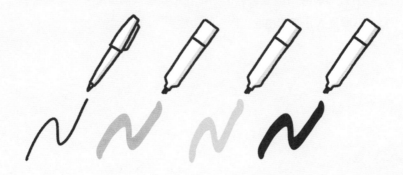

memo

我推薦的簽字筆品牌是飛龍文具，麥克筆則是三菱鉛筆的「prockey」。這兩種筆的顏色不易滲透到紙張背面，而且都可以用便宜的價格入手。其他關於實際運用在圖像記錄的工具，待到6-3時會再詳細介紹。

此外，請準備大量的Ａ4影印紙作為練習用紙，也可以用素色或是方格紙。但不推薦使用高級的筆記本，最好是選用可以盡情使用，不必計較價格的紙張。

筆的使用方法和作用

為了幫助各位了解4枝筆的使用方法，請立即按照右頁的步驟，在手邊的紙上畫出一個四方體。

首先用作為基礎的黑色簽字筆畫出想要描繪的形狀。接著以強調色麥克筆在重要的地方塗上顏色，這麼一來就能凸顯這張圖畫中想要強調的重點。再來是利用淺灰色的麥克筆畫出陰影，以此讓平面的圖畫產生立體效果。最後以黑色的麥克筆描繪整個輪廓。加粗輪廓線後，就算從人在遠處也能看得一清二楚。

1 以黑色簽字筆
畫出物體的形狀

2 在重點處塗上
強調色麥克筆

3 利用淺灰色
增添立體感

4 以黑色麥克筆
描繪整個輪廓

　　我想各位已經體會到4枝筆的使用方法和其作用。**透過像這樣統一畫法的方式，無論是不擅長還是擅長畫畫的人，都可以快速畫出用來傳達的圖畫。**接下來，我會依序說明具體繪製的技巧，例如畫線以及描繪物體和人物的方法等。

參考《アイデアスケッチ アイデアを〈醸成〉するためのワークショップ実践ガイド》
（James Gibson／小林 茂／鈴木 宣也／赤羽 亨・ビー・エヌ・エヌ新社）

2 - 3　多餘線條的畫法

只要稍微注意一下畫線的方式，就可以更輕易地將圖畫和圖表傳達出去。

沒辦法畫出俐落線條的原因
可能就在於畫線的方式上

有些人會來找我討論下述的問題。

「我原本打算畫出漂亮的圖畫，
結果卻看起來很雜亂。」

「寫出的字都很難懂，
甚至有時回過頭來看時，連自己都看不懂。」

在多次討論上述問題的過程中，我開始思考這些煩惱是否存在著同樣的根本問題。最後我得出的答案是：畫線的方式。**本來打算畫出漂亮的圖畫，但畫完後卻看起來很雜亂的人，也許是因為用了「多餘線條的畫法」來作畫。**

　　圖畫的一切是從1條線開始。一般我們會以組合線條的方式來繪製文字、圖畫和圖表。因此，線條看起來雜亂無章的主要原因，可能就在於畫線的方式。這裡列舉了3個不小心就會出現的「多餘線條的畫法」。為了改變用來傳達的線條畫法，以下還會介紹一些可以馬上得到改善的訣竅。

多餘線條的畫法①多次描邊

　　第1個重點是線條的數量。在繪圖時，有畫好幾條線抓出輪廓，或是連接短線繪製的畫法。這類畫線的方式，對於需花費時間畫出精確、精緻的圖畫來說相當有幫助；但若是要在短時間內繪製出簡單易懂的圖畫，這類方式就不太適用。

　　請勇敢地嘗試用1條線來畫圖，就算稍微畫歪了也不要在意，瀟灑自在地畫出線條。如果不放心，可以想像著自己在描繪打算要畫的線條，在空中模擬2、3次，這能讓你更好下筆。這麼一來就能將訊息量控制在必要的最低限度，使圖片看起來更容易理解。此外，因為線條俐落果斷，不僅圖畫看起來很有自信，也能讓想傳達的訊息更明確。

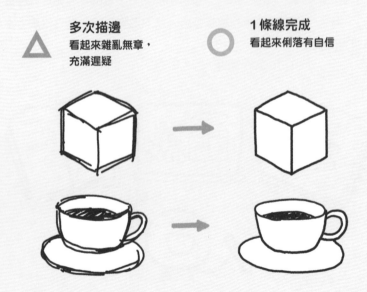

△ **多次描邊**
看起來雜亂無章，
充滿遲疑

○ **1條線完成**
看起來俐落有自信

多餘線條的畫法②線條太細

第2個重點是線條粗細。在畫圖時即使已經特別留意了作畫的內容和繪製的方式，卻有可能忽略了筆觸的粗細。然而，我認為線條的粗細是影響圖畫帶給人的印象和易讀性的主要因素。

我一般都盡可能用粗線條來畫圖。使用粗線條的優點不僅僅在於讓圖畫更好閱讀，也能使線條模糊或是偏移的部分看起來不那麼明顯，而且還能省略細節，簡單繪製。這是由於若是使用細線條來畫圖，會不自覺地連細節都刻畫出來，反之，粗線條因為本身具有分量感，過程中自然而然地就會省略描繪細節。如此畫出來的圖畫，在表達上便可以更接近像是標誌或簽名般的簡單直接。

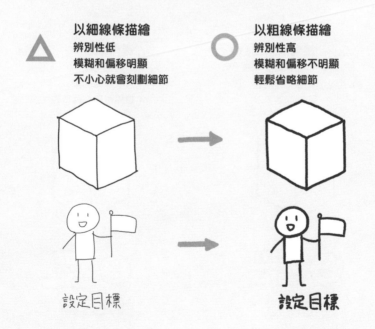

以細線條描繪
辨別性低
模糊和偏移明顯
不小心就會刻劃細節

以粗線條描繪
辨別性高
模糊和偏移不明顯
輕鬆省略細節

設定目標

設定目標

多餘線條的畫法③邊角沒有密合

　　第3個重點是邊角處理。在匆忙繪製時，有時也會出現線條突出去，或是邊角沒有密合的情況。這些都是會留給觀看者雜亂印象的因素。

　　因此，在繪製圖畫的時候，要確實將邊角合起來，而且交叉點應該密合，不要有突出的線條。儘管只是小細節，但只要特別留意，圖畫就會看起來相當細緻。其中尤其對書寫有效，覺得「寫出來的字連自己都看不懂」的人，只要注意密合邊角，一定會變得更容易閱讀。此外，在試圖將邊角密合時，自然就會放慢畫圖的速度，使線條更為精細。

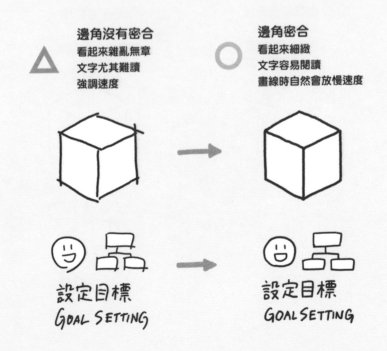

邊角沒有密合
看起來雜亂無章
文字尤其難讀
強調速度

邊角密合
看起來細緻
文字容易閱讀
畫線時自然會放慢速度

設定目標
GOAL SETTING

設定目標
GOAL SETTING

小練習

試著繪製10個圓形和四方形。繪製的過程中，請留意要用1條線完成，以及邊角有沒有密合。

（!）
提示

要畫出圓圓的圓圈其實並不簡單。因為右撇子的人會自然往右上偏移，左撇子則會偏向左上，只要多加留意偏移的方向並進行修正，就能有助於畫出圓形。

──────── 答案範例 ────────

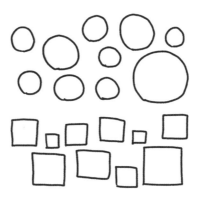

2-4 3個圖形畫出 90%的圖畫

畫圖的訣竅是「轉換」。利用3個圖形，任何人都可以畫出身邊的各種事物。

將想要繪製的內容轉換為圖形

許多認為自己不會畫畫的人，往往會一心想著「要將圖畫好」。如果從一開始就力求完美的話，很容易會嘗到因為迷失方向，覺得「腦中是有出現畫面，但不知道要從哪裡開始下筆比較好」，結果連畫畫本身都放棄的失敗經驗。

有人說「英語會話中有90%是換句話說」。也就是說，將想傳達的內容轉換成簡單的表達方式來表示，是絕對的鐵則。**圖畫也是相同的道理，比起畫出完美的圖畫，重要的是將想傳達的內容轉換成容易理解的表達方式**。因此，請各位在將目標事物轉換為單純圖形時，不要在意細節。

3個圖形畫出90%的圖畫

　　用於轉換的圖形是圓形、三角形和四角形。只要利用這3個圖形，出乎意料地就能簡單表達所有事物。

試著畫出身邊的物體

　　只要仔細觀察周遭的物體，就會發現許多東西的基本都是圓形、三角形和正方形這些基礎形狀。除了人造物體外，外觀複雜的自然物體也可以輕鬆透過組合這3個圖形來表示。

小練習

畫出以下列出的物體。
電腦、椅子、電車、花

將看不見的事物比喻成其他有形體的事物

不是只有看得到的物體可以畫成圖畫。「想法」、「時間」等抽象的概念也可以用其他事物來表達。

目的　想法　對話　時間　公司

發現　目標　知識　休息　實驗

小練習

畫出以下列出的詞彙。
教育、醫療、科學、成長

(!) 想不出該怎麼畫時，試著利用Google的圖片搜尋功能
提示　搜索「○○　圖示」、「○○　插圖」。

2-5 描繪表情

只要畫出「表情」，就能立即傳遞言語難以表達的情感。簡單地組合嘴巴、眼睛、眉毛，任何人都可以輕鬆繪製臉部表情。

利用5×5×4就能畫出100種表情

在將討論和對話的內容視覺化時，使用臉部表情來表達情感相當重要。要將人臉畫得栩栩如生並不簡單，但正如前面所說的，畫圖的訣竅是將想傳達的事物轉換成簡單的形狀後再繪製。

這裡我要介紹一種《アイデアがどんどん生まれるラクガキノート術実践編》（タムラカイ著，枻出版社）這本書裡所提到，名叫「情緒圖畫」的技巧。此為一種將人臉簡化成嘴巴、眼睛、眉毛3個部分，只要組合5種嘴型、5種眼睛、4種眉毛，就能畫出5×5×4＝100種表情的技巧。

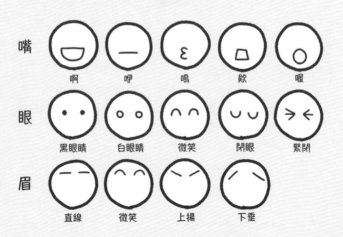

首先請試著仿照前頁的圖畫，在手邊的紙上畫出5種嘴型和眼睛，以及4種眉毛。接著嘗試隨意組合這些臉部配件，創造出幾種不同的表情。相信各位應該會在過程中組合出一些意想不到的表情。

光是改變其中一個部位，表情看起來就會完全不一樣。

我們人類非常擅長解讀表情，反過來說，即便是簡化的圖畫，看的人也會在腦中自行補足表情，想像出畫面。所以**不必試圖精確地重現人臉，只要轉換成簡單的記號，任何人都可以輕鬆繪製，立即傳達給對方。**

參考《アイデアがどんどん生まれるラクガキノート術実践編》（タムラカイ著，枻出版社）

小練習

請畫出表示以下情緒的表情。請試著想像不同的情境，各畫出5種表情。

「覺得美味時的表情」、「感到有趣時的表情」

────── 答案範例 ──────

在大熱天喝啤酒的「美味」和將香甜的巧克力時放入嘴裡時的「美味」，兩種情境下露出的表情一定不會一樣吧……我一邊想像著實際的畫面一邊畫出這張圖。

儘管都稱作有趣，但其實分成各種層次。從微笑的表情到大笑，我嘗試著畫出不同程度的情緒。

2-6 描繪人體

學會畫出情緒後，接著是試著描繪人體。以下介紹輕鬆就能繪製並用來表達的人體描繪法。

畫人體的步驟

繪製人體的基本步驟只有3個，大約10秒就能完成。接著來說明5個應掌握的重點。

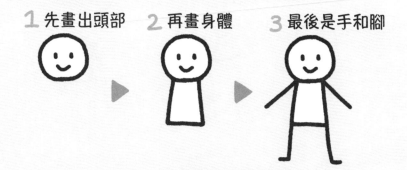

1 先畫出頭部　2 再畫身體　3 最後是手和腳

重點①以四角形畫身體

描繪人體的方法中，從簡單的火柴人到詳細刻畫頭髮、衣服等部分的人體圖等，分成各種不同的等級。在繪製傳達用的圖畫時，建議用四方形來畫身體。四方形是任何人都可以上手的圖形，而且可以表達的範圍相當廣泛。

△ 火柴人缺乏
  表達的方式

○ 四角形可以輕鬆繪製，
  並表示出身體的構造

△ 描繪細節很費事

← 抽象   具體 →

從四方形的四個角畫出手和腳。這是簡化人類重要骨骼，像是肩膀和骨盆後的表現方式。

△ 不自然的印象

○ 從四方形的四角畫出
  手和腳

四角形的身體是簡化
人體骨骼後的結果

重點②利用整個身體表達情緒

不是只有臉部表情可以表達情緒。我們的手腳除了步行和拿物品以外，也可以用來表示各種情緒。如同肢體語言這個稱呼，我們透過身體和手部動作，向對方傳達自己的意圖。舉例來說，包含手勢、肩膀和手臂的動作以及身體的姿勢等，只要組合這些部分，就能表達出更多的情緒。

誇大是傳達情緒的最佳方式，請畫出大幅度的身體動作。此外，改變身體的四角形狀，可以畫出駝背或挺胸的樣子。可以把身體想成橡膠片，有助於更簡單地繪製完成。

重點③利用符號情緒更豐富

加上符號可以進一步強調情緒或是賦予意義。我們平時使用的表情符號和印章都是很好的靈感來源，請試著善加利用。

試著在剛剛的圖畫上加入符號，可以更清楚地傳達情緒。

即使是相同的表情，表現出的意思也會隨著添加的符號而改變。

重點④以臉和身體的方向來營造相互的關係

接著來畫朝向不同方向的臉和身體。臉部的方向可以透過移動五官的位置來改變；身體的方向則是能根據折成的「L字」所呈現的腳尖來表示。藉由方向來產生人與人之間的「關係」，營造出故事性。

腳尖朝左右打開，看起來是朝著前方；一起往左側的話則是往左傾斜，右側同理。

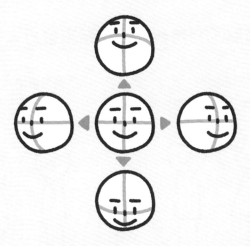

五官往左偏移時，就能畫出朝向左邊的臉部；同理，五官往右偏移時，臉部就會朝向右邊。此外，往上偏移是朝上看，往下移則是朝下看。想像縱向和橫向的水平線，有助於輕鬆完成。

左圖畫的是朝向正面的人體，看不出這兩個人正在對話。右圖則是在臉部和身體加上方向性，從而得知這兩個人正在面對面談話。

重點⑤利用髮型和服裝來區分人物

　　根據需要加上髮型、服裝、飾品等，就能區分畫出各式各樣的人物，例如男女老少、不同的職業等。

相互組合，描繪各種情境

　　只要將上述介紹的人和物體相互組合，就能描繪出各種不同的情境。

小練習

畫出以下主題的情境。
「我如何度過休假日」、「我早上的例行公事」

．．

（!） 盡量回想起具體的情景，例如和誰一起？覺得如何？
提示 等等。

．．

───────── 答案範例 ─────────

「我如何度過休假日」 「我早上的例行公事」

memo

此外，還有很多將人體簡化的繪圖法。我會根據想傳達的訊息量和須花費的時間，分別使用不同的畫法。

2-6

描繪人體

物體擬人化

　將前述的人體繪圖法應用在人物以外的物體上，就能呈現出「擬人化」的技巧。不僅是動物和物品，就連「公司」和「系統」等抽象的概念，都能如人物般表達出來。

memo

把人與商品的關係比喻成人際關係，思考服務的新想法，或是將難懂的概念擬人化，淺顯易懂地進行解說，都能有助於日常的工作。

2-7 以故事傳達

結合目前為止學到的物體和人物描繪法，試著以故事來表達。

故事的力量

借助故事的力量，就更能輕易地將事物傳達給他人。故事可以讓人獲得更深的理解和共鳴，所以能輕易在對方的腦中留下印象[*]。

故事也能用文章或言語來表達，但用圖畫來呈現就能一目了然。只要掌握創造故事的方法，就能在上台發表、表達想法，以及向組織傳達未來藍圖時發揮作用。

[*]根據史丹佛大學行銷學教授珍妮佛・阿克的研究可得知，故事留在他人記憶裡的機率，比撰寫事實或數字還要高22倍。

memo

將想傳達的想法和概念轉換為「故事」來述說的技巧稱為「說故事」。現在有愈來愈多企業老闆會將此技巧活用於宣傳理念，或提高組織改革的向心力。

利用4格漫畫來創作故事

4格漫畫是故事情節的基礎。**透過描繪故事最簡單的架構，任何人都可以輕鬆完成。**以漫畫之神著稱的手塚治虫老師也在著作《手塚治虫のマンガの描き方》中說過，他在開始畫漫畫時，畫了大量的4格漫畫，這件事在之後成為了很好的經驗。因此，4格漫畫可以說是創作故事的基礎訓練。

在4格漫畫中，將故事分成4個階段，依照「起承轉合」的順序來表達。起承轉合是以中國詩文寫作結構來命名的方法，可說是中國悠久歷史所累積出來，最單純的故事形態。**透過將故事控制在起承轉合中，可以整理出不必要的漫畫格，明確傳達出想說的內容。**

同時也能以4格為中心，壓縮或延伸故事。壓縮故事的話可以畫成1格漫畫；反之，將故事拉長，就能畫成長篇故事。

memo

將想法或想傳達的內容彙整成4格漫畫時，自然而然就會整理、簡化傳達內容。使用便利貼的話，就可以在整理的過程中，輕鬆地替換或調換漫畫格的順序。

注意視角

　　對於描繪故事來說，主角是必要的元素。除了人類外，動物或物體也可以成為主角。**重點在於要用誰的視角來繪製。**根據描繪的視角，即使是相同的事件，也會變成完全不同的故事。

　　因為覺得德國的視覺圖像記錄師卡登・菲特納在講座中介紹的吐司例子很有趣，我試著用自己的方式重新詮釋。希望可以藉此讓各位了解，在繪製故事的時候，設定主角和視角有多重要。

製作吐司的方法

太郎的視角

吐司的視角

END

END

我分別以人的視角和吐司的視角來描繪「製作吐司的方法」這個故事。依序為取出一片吐司，放入烤箱加熱，塗上奶油後完成。一樣的事情，但兩者呈現的故事卻完全不同。

截取出情緒變化

一個故事要在產生共鳴後才能傳達給對方。為此，截取出情緒變化相當重要。只要以情緒為主軸，將會造成情緒變化的部分截取出來後創造成故事，就能繪製出傳達用的故事。

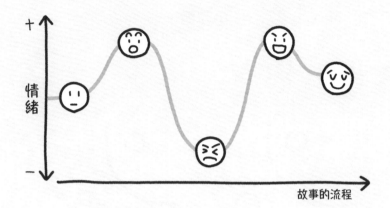

故事也有助於構思想法。在我工作的地方，經常會舉辦討論產品和服務的新客戶體驗，當下我會分發如右圖的3格漫畫表，讓參與者畫出自己的想法。由此可以讓思考的重心從事物和功能，轉向以人類體驗為主。

小練習1

發揮創意，完成4格漫畫。

memo

你畫了什麼樣的結局呢？請務必附上主題標籤「＃給新手的圖像簡報會議技巧」，將本書的小練習作品上傳到社群網站！希望可以成為各位讀者分享學習以及一起練習的地方。

小練習2

試著將「桃太郎」的故事概要※繪製成4格漫畫。

※從老奶奶在河川撿到的桃子中誕生的桃太郎，在爺爺、奶奶身邊茁壯成長。長大後的桃太郎既強壯又堅韌，決定前往消滅惡鬼。他將吉備糰子分給狗、猴子和雉雞，與牠們成為朋友。最後完美地打倒惡鬼，獲得寶藏。

───── **答案範例** ─────

1分鐘就能畫好的
肖像畫

經常有人問我「要怎麼畫肖像畫？」所以在這個專欄中，我試著想出如何快速畫出肖像畫的訣竅。

1分鐘繪製看得出是誰的肖像畫

如果會畫肖像畫，在進行圖像記錄時會方便很多。不僅可以提高身為參與者的自覺，還可以讓大家覺得無比開心。

首先是各位對於肖像畫的想法，這裡追求的並不是如肖像畫師般的專業程度，**而是要以可以在1分鐘完成，並且認得出是誰為目標。**這麼做的原因是，我認為肖像畫是溝通工具而不是藝術品，舉例來說，只要知道有誰參與會議即可。以下以3個步驟介紹可以在短時間內簡單完成肖像畫的方法。

①描繪臉部輪廓

　　首先是掌握臉部的「輪廓」。輪廓是決定臉部印象的主要因素之一，可以分別繪製成圓形、倒三角形、四方形、三角形等。人臉實際上是更加複雜的形狀，**但請透過快速看一眼時的印象，抓出簡單的圖形。**

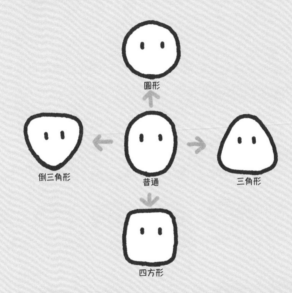

②描繪髮型

　　接著要畫的是「髮型」。簡單來說是髮型，但其實有各種不同的變化。髮型會受到髮質、髮色、長度及髮量等多種因素影響，所以確實會因人而異。**重要的是要把頭髮當作一個整體來掌握。**這麼一來，就能輕易捕捉到簡單的形狀。

如果能夠抓住這個人的**最大特徵**，就可以成功畫出肖像畫。有時甚至只要畫出臉部輪廓和髮型，就能知道這個人是誰。

③描繪臉部五官

最後終於要繪製臉部五官（眼睛、眉毛、鼻子、嘴巴）。

　　一般認為，順利完成肖像畫的訣竅是確實掌握眼睛和鼻子等臉部五官形狀，但**五官的位置其實比形狀更為重要**。眼睛和眼睛，以及眼睛和眉毛之間的遠近、額頭寬度和下巴長度等，只要掌握臉部和五官、五官之間的相對位置，就能一口氣提高肖像畫的完成度。

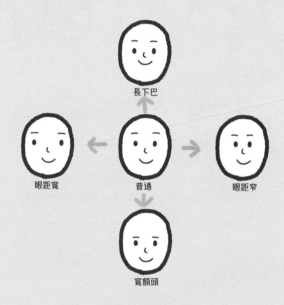

圖中的5張臉都是相同形狀的眼睛、眉毛、鼻子和嘴巴，
單純只是位置不一樣，看起來就會像不同人的臉。

<u>完成！</u>

到這裡就完成了！要畫出如專業般的肖像畫，必須經過長年累月的練習。但如果景像這種簡易肖像畫，馬上就可以跟著繪製，而且熟悉畫法後，只要花1分鐘左右就能完成。

memo

一般來說，富有個性的長相簡單就能畫得很相似；相反地，普通的長相就很難讓人覺得相似。如果有比較的對象，就能輕鬆看出每張肖像畫的差異。因此，練習的訣竅是試著同時描繪好幾個人的肖像畫。

Chapter

3

傳達用文字的
書寫法

言語擔負著組合圖畫和圖表，傳達正確意思的重責大任。
本章將要學習基本的文字書寫法、文字的呈現法以及言語
的選擇法。

3-1 擴大含意的圖畫與鎖定含意的言語

言語添加在圖畫上後，具有鎖定畫作含意的功用。因此，請各位透過組合圖畫和言語，來控制傳達的意思。

擴大含意的圖畫與鎖定含意的言語

這張圖是在表達什麼呢？

有人會回答「山」，有人會認為是「自然」，也許還會有人聯想到「聖母峰」也說不定。從上述可得知，根據不同的解釋，一張圖畫會得到各種層面的含意。換句話說，**圖畫具有擴大意涵的能力；反之，單靠圖畫沒辦法鎖定單一含意。**

接著請試在這張圖畫上添加言語。

那這次你覺得是如何？

僅憑圖畫的話，沒辦法辨別是否為聖母峰，但透過言語，就能得知這張圖畫想要傳達的是聖母峰。綜上所述，**言語具有鎖定含意，合乎焦點的功用**。接下來，稍微改變一下視角，試著加上「本月目標」的字樣。

因為添加「目標」這個詞彙，即使是完全相同的圖畫，觀看的視角也會有所改變。這裡的圖畫不是指像聖母峰那樣的真實山峰，而是發揮了「克服並抵達的目標」這一比喻的作用，並創造出新的邏輯。由此可知，**根據圖畫和言語的關係，能使想像出邏輯和故事的表達方式發生變化**。

結合圖畫和言語以控制含意

不同於希望讓觀看者自由解釋的藝術品,視覺思考的目的是傳達意義和計畫。因此,**透過組合擴大含意的圖畫與鎖定含意的言語,就能控制表達出的意思範圍。**

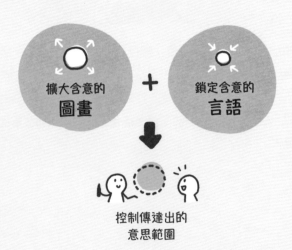

小練習1

請寫出下列圖畫讓你聯想到的詞彙。

_____
_____
_____
_____

_____
_____
_____
_____

_____
_____
_____
_____

──────── 答案範例 ────────

- ●鑰匙
- ●密碼
- ●祕密

- ●危險
- ●爭吵
- ●一觸即發

- ●朋友
- ●信賴
- ●合作

藉由這個小練習就能確實了解到，即使是相同的圖畫也可以捕捉到各種不同的意思。從而得知言語和圖畫並不是一對一的關係。

小練習 2

接著來玩個圖畫和言語的聯想遊戲。將下列的詞彙當作起點，反覆將詞彙聯想到的畫面轉換成圖片，再將畫出的圖畫再轉換成其他詞彙。

「成長」、「目標」、「危險」

―――――― 答案範例 ――――――

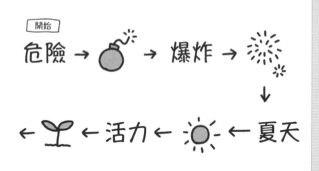

藉由這個聯想遊戲，可以訓練從圖畫到言語、從言語到圖畫的聯想能力。

3-2 書寫容易閱讀的文字

只要掌握小訣竅，就算不是外型完美的文字，看起來也能「很好閱讀」。覺得自己不擅長書寫的人務必跟著嘗試看看。

利用小訣竅，呈現出「好閱讀的文字」

「寫出的字都很難懂，

甚至有時回過頭來看時，連自己都看不懂。」

正如之前在第2章提到的，有上述煩惱的人不在少數。我也是在長大成人後才開始習慣「只要自己能看懂就好」的書寫方式。

通常要寫出如同書法和硬筆字所追求的「漂亮字跡」，就必須花費時間和精力。不過即使寫不出「漂亮的字跡」，只要用點小訣竅，就能寫出「好閱讀的文字」。

「不好閱讀的文字」和「好閱讀的文字」之間的差異在於些微的平衡。只要調整好平衡，就能轉換成任何人都能輕易閱讀的文字。以下彙整的訣竅，即使在不學習正式書法或硬筆字的情況下，也能輕鬆呈現出「好閱讀的文字」。只要能寫出好閱讀的文字，對日常生活中的各種場合都會有幫助。

① 用水平垂直的線條來書寫

　　在書法和硬筆字中，會在書寫橫線時會稍微往右上挑，讓字跡更漂亮。但一般人很難維持一定的傾斜度，有時會因為傾斜度不一致，反而使字跡變得難以閱讀。因此在本書，我建議，**書寫時要留意水平線和垂直線**。想像將文字裝在一個正方形的箱子中，書寫上會更容易。

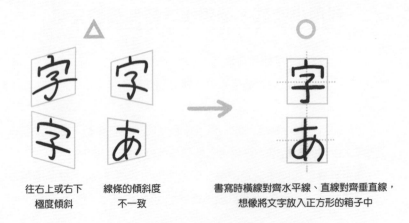

往右上或右下　　　線條的傾斜度　　　書寫時橫線對齊水平線、直線對齊垂直線，
極度傾斜　　　　　不一致　　　　　　　想像將文字放入正方形的箱子中

② 邊角密合

　　就如我在 2-3「多餘線條的畫法」中介紹的，**只要留意邊角是否密合，就能讓文字更好閱讀**。其中要特別注意筆劃多的文字，邊角一旦不小心突出去，就會變得難以閱讀。

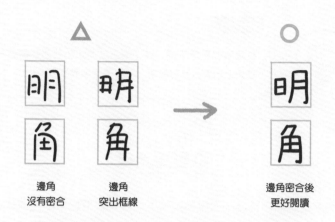

邊角
沒有密合

邊角
突出框線

邊角密合後
更好閱讀

③ 漢字寫大一點，假名寫小一點

　　文字並非是一個字一個字地看，而是集結成詞語或是文章來閱讀。因此，多個文字間的平衡會影響閱讀的難易度。就算每個字獨立看時很容易閱讀，但如果大小不一，就會導致難以閱讀。為了取得筆畫較多的漢字和筆畫較少的假名之間的平衡，假名的大小最好比漢字小一號。

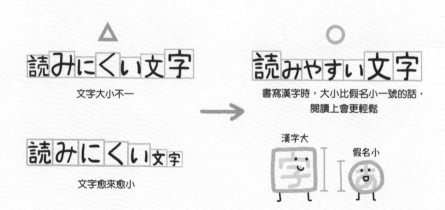

文字大小不一

書寫漢字時，大小比假名小一號的話，
閱讀上會更輕鬆

文字愈來愈小

漢字大

假名小

在書寫英文字母時,為了讓遠處的人也能清楚閱讀,
建議全用大寫字母呈現,不要使用小寫字母。

④ 對齊基線

　　文字底端稱為基線,如果不對齊這條線,書寫出來的文章就會難以閱讀。因此,**橫書要對齊下方,縱書要對齊中央**。只要在開始寫字前先輕輕地畫出基線,書寫時就能夠確定位置、輕鬆對齊。此外,也可以用方格紙作為對齊的基準。

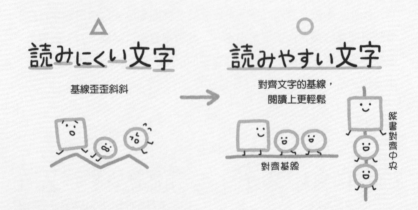

読みにくい文字

基線歪歪斜斜

読みやすい文字

對齊文字的基線,
閱讀上更輕鬆

對齊基線

縱書對齊中央

密技：簡化會變形的文字

在圖像記錄這種需要同時滿足速度和閱讀難易度的情況，有時會選擇降低準確度。例如，有許多人會在平時使用省略「門」字筆劃的「门」。除此之外，我在覺得筆畫太多，文字可能會變形時，會省略線條或是直接一筆將「口」畫成一個圓圈。

memo

這裡介紹一個很有趣的案例。在很久以前，日本用於標示高速公路標誌的「公團文字」，非常大膽地省略了文字的筆劃。之所以如此設計，是為了讓高速移動的駕駛，可以在120公尺外的地方清楚閱讀標誌上的文字。

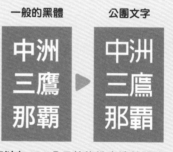

3-3 描繪具吸引力的文字

可以書寫出容易閱讀的文字後，接下來稍微提高等級，一起來描繪出「具有吸引力的文字」吧！

以文字來吸引他人

根據呈現方式，文字給人的印象會大不相同。透過設計文字的形狀、顏色以及對話框等，可以表達出情緒或凸顯出標題和關鍵字。

以下介紹各種文字的表現方式，讓我們一起來學習如何表現出「具吸引力的文字」。

凸顯文字

右圖彙整了想凸顯標圖或關鍵字時，可以使用的文字書寫法。其中能快速完成的是，以粗頭筆書寫、畫上醒目色彩或下底線等方式。想要讓文字更為明顯時，可採用畫文字邊框、增添框線或加陰影等方式。

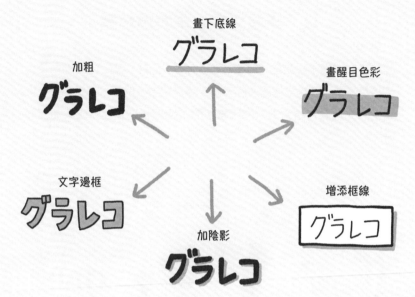

　　其中，畫邊框會稍微比較困難，但只要照著以下步驟就可以順利完成。

以「手繪文字」來表達情緒

參考在漫畫中出現的「手繪文字＊」來「描繪」文字，就能傳達出情緒和氛圍。而且根據繪製的方式，傳達給對方的印象也會不同，例如粗暴的線條會給人激烈的印象，圓滑的線條則會呈現出柔和的感覺。

＊手繪文字：漫畫獨特的表現手法之一，以手繪的方式所繪製的聲音效果。具有將人的心情、氛圍及情況確切地傳達給讀者的功用。

畫大一點可以表現出激烈感或壓迫感；畫小一點則是能表達出寂靜感。

圓滑線條可以呈現出柔和、明亮的感覺；尖銳線條則能表現出僵硬和鋒利感。

以對話框來表達情緒

想要讓言語看起來像是台詞時可以使用對話框。對話框也是在漫畫表達中學習到表現手法。透過對話框的形狀，能表達出台詞當下的情緒。

激烈的情緒可以利用爆炸狀的對話框來呈現，而心中的想法則可以用虛線的對話框來表現。

以框線彙整

在想要呈現彙整好的文字資訊，或想將文字作為標題來凸顯時，可活用圍繞文字的框線。此框線可用來區隔其他資訊，使之更容易吸引他人關注。

諸如緞帶、筆記本和看板等都能當作框線來使用。

製作引人注目的標題

結合迄今為止所介紹的具吸引力文字的表達方式，以及第2章學到的圖畫，就可以製作出深具魅力和吸引力的標題。

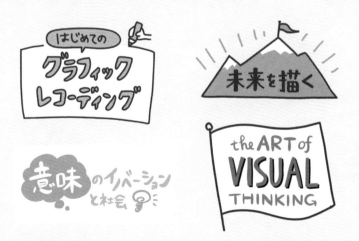

在相同的標題中，藉由改變文字的描繪方式、顏色，或是將標題的意思繪成圖畫添加上去，都可以設計出富有魅力的文字。

3 - 4 選擇傳達的言語

前幾節我們已經學會文字的呈現方式，在這一小節則是要深入言語的內容，思考如何選擇傳達的言語。

句子要簡短

若將說話內容原封不動地寫出來，會導致句子太過冗長，無論是繪圖還是閱讀都很花時間。**因此，在將言語作為圖像的一部分來使用時要選擇言語，使其形成簡單而不繁長的句子。**例如將「實際舉個例子」替換為「例」等，可以換成相同意思但長度更短的詞彙。像「有～或～」這樣的長句子也能轉換成簡短的關鍵字，以列舉的方式來彙整。

△

○

實際舉個例子，
有○○○
和△△△

→

例
・○○○
・△△△

將說話內容原封不動地寫出來，
經常會導致句子太過冗長

利用替換詞彙或是列舉的書寫方式，
縮短句子長度，就能一目了然

替換成符號

　　若將經常使用的詞語替換成可以簡單繪製的符號，也可以得到不錯的效果。文字（尤其是筆劃多的）因為筆劃較多，書寫時需要花費較長的時間。**替換成短時間內就能繪製完成的簡單符號，不僅可以縮短繪製的時間，也能一目了然地傳達圖像的含意。**

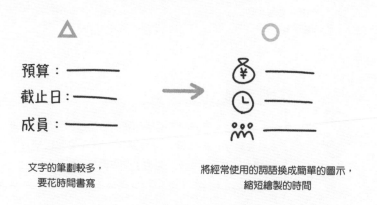

文字的筆劃較多，
要花時間書寫

將經常使用的詞語換成簡單的圖示，
縮短繪製的時間

挑出數字和數據

　　在選擇既簡短又易懂的言語時，重點在於要運用數字和數據。與其寫成「銷售額遽增」，以「銷售額增加40％」來呈現會顯得更具體、更明確。所以要**避免含糊不清的言詞，積極使用具體的數字和數據。**

△　　　　　　　　　　　　　　○

銷售額遽增　　⟶　　銷售額增加**40**%

出席者也很多，大獲成功！　⟶　出席人數
　　　　　　　　　　　　　　　　大成功！
　　　　　　　　　　　　　　3天**1000**人！

含糊不清的言詞，　　　　　　挑出數字和數據，
會讓內容顯得不準確　　　　　　內容更具體

memo

或許有些人會遇到「明明想要繪製圖畫和圖表，結果都在寫字」的情況。這種時候，首先要嘗試抱持著「繪製」文字而不是「書寫」文字的想法會比較好。

Chapter

4

傳達用圖表的
製作法

圖表可以幫助整理思緒和討論的內容，以及簡單明瞭地傳達複雜的內容。只要了解基本方式，任何人都可以製作圖表。在本章中，將會學習到圖表的基本要素——點、線、面、箭頭的使用方法，以及對會議有幫助的圖表類型。

4-1　圖表的製作方法

或許製作圖表看起來很困難，但只要跟著步驟進行，任何人都可以順利完成。

以圖表整理思緒

　　圖表可以將事物的結構視覺化。**所有事物的結構都能以構成事物的「要素」和其「關係」來加以呈現，而將結構轉換成可見形式的就是圖表。**

　　當各位學會繪製圖表後，就能表達出抽象的事物，例如商業模式和業務流程。此外，將複雜的討論內容也繪製成圖表進行彙整，就能俯瞰整體情況，並藉此整理腦中的思緒。

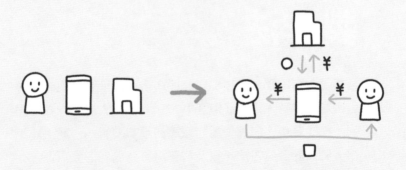

例如要將商業模式繪製成圖表時，只要跟圖中一樣，結合簡單的圖畫和箭頭就能完成。

以文字製作圖表

接下來以下方的句子為例，逐步介紹將文字製作成圖表的過程。

A贈送禮物給B。

①分解成要素和關係

製作成圖表的第一步是，將文字分解成要素和關係。看起來平淡無奇的文字，可以分解成以下的型態。

要素：「A」、「B」、「禮物」
關係：「～贈送～給～」

A贈送禮物給B。

② 挑出要素

首先挑出要素並進行排列。在圖表中所需的要素和關係中，備齊
要素。

禮物

③ 表示關係

接著表示要素間的關係。這次使用箭頭來表示「～贈送～給～」
的關係。關係的表現方式會在下一節詳細說明，但因為這裡已經表示
出要素和關係間的關係，暫且先將此製作成圖表。

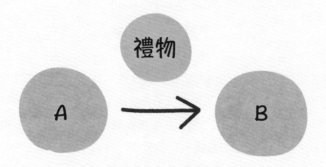

箭頭從A指向B，並將禮物寫在箭頭的上方，
以此來表示禮物的移動方向。

將要素繪製成圖畫

③本身就可以當作圖表，但以下要請各位試著將要素繪製成圖畫。除了言語外，透過結合圖畫的方式，讓圖表的內容更容易理解。如此便完成圖表了！

將A和B分別繪製成女孩和男孩的臉，並將禮物替換成圖畫。

了解表現方式

　　除了在此次例子中使用的箭頭，圖表還有其他許多不同的表現方式。「有話想要傳達，但不知道要用什麼樣的圖表比較好……」各位或許會像這樣覺得很困難，**但在知道各種表現方式後，就能從中選出最適合用來傳達內容的方式。**在本章中，將會介紹圖表的基本要素點、線、面、箭頭的使用方法，以及對會議有幫助的圖表類型。接著，讓我們一起增加可以靈活使用的表現方式吧！

memo

在本小節中，我們學會了如何將一個句子製作成圖表。只要加以運用，就能以圖表來表示討論的話題以及話題間的關係，有助於彙整所有的討論內容。

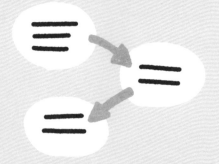

4-2 點／線／面／箭頭

以下介紹圖表的4個基本要素，點、線、面、箭頭的使用方法。

以點、線、面、箭頭就能製作圖表

在表示圖表時有各種不同的方式。一開始先來學習圖表的基本要素「點、線、面、箭頭」。

點　　　　　線　　　　　　面　　　　　箭頭

只要知道點、線、面、箭頭的使用方法，就能製作出各種圖表。

點是表示圖表的最小單位。排列數個點就會形成線，而將數條線排列在一起則會構成面。箭頭也可以視為是線的一種，但這裡將之納入第4個要素。讓我們一起了解這4個基本要素的特徵和作用，增加可以靈活使用的圖表表示法吧！

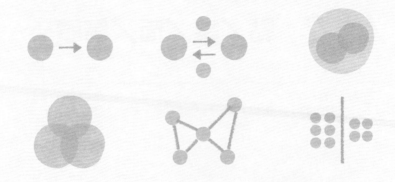

點的使用方法

點是表示圖表的最小單位。每個點都有一個「**位置**」，組合多個點時，可以藉由點的位置關係來表示要素之間不同的關係。例如，規律和不規律的排列方式、遠近的「**距離感**」、密集和稀疏的「**密度**」等，各種複雜的關係都可以表達。

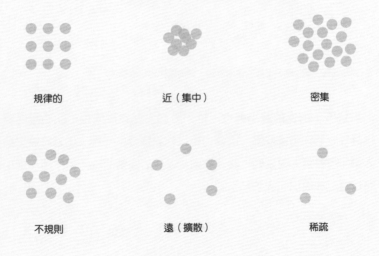

規律的　　　　　　　近（集中）　　　　　密集

不規則　　　　　　　遠（擴散）　　　　　稀疏

舉例來說，如果把點當作人，藉由觀看者的想像力來補充點與點之間的意義，便可以創造出多種人際關係的表達方式。

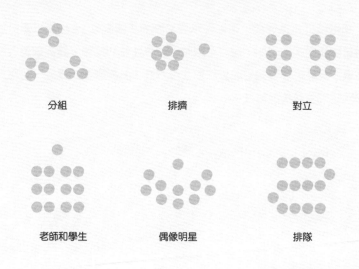

分組　　　　　　　　排擠　　　　　　　　對立

老師和學生　　　　　偶像明星　　　　　　排隊

使用點的圖表例子

線的使用方法

　　利用線來連接要素，可以表示要素間的「**關聯性**」。也可以區分使用直線和曲線，例如，畫成直線時用來表達並列關係，圓圈則是表示循環。此外，僅僅只是改變線的連接方式，就能表達出族譜、網路、樹狀結構等各種關聯性。

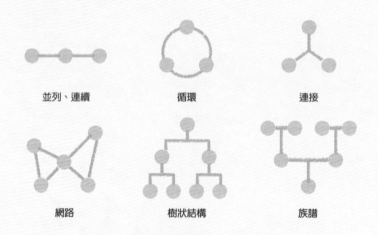

並列、連續　　　　　　循環　　　　　　連接

網路　　　　　　樹狀結構　　　　　　族譜

　　以線連接要素時，可以用粗細和長度分別表示強度和距離。

強度　　　　　　　　距離

弱　　　　　　　　　近

強　　　　　　　　　遠

此外，線還有「**邊界**」的功用，可以藉由分隔或圈繞要素的方式，在視覺上進行分類。

而且，如果將線的形狀視為「**軌跡**」，則可以用來表示路徑和路線等。

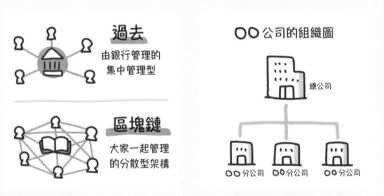

過去
由銀行管理的
集中管理型

區塊鏈
大家一起管理
的分散型架構

〇〇公司的組織圖
總公司
〇〇分公司　〇〇分公司　〇〇分公司

使用線的圖表例子

面的使用方式

　　對於面有各種類型和理解方式，但這裡使用圓形的面來介紹用於表示圖表時的使用方法。與點、線不同，面的特徵是具有面積。只要改變面的大小，就能表示面積＝「**數量**」的概念。而且利用面區分內外的功能，可以用來表示部分或整體的「**團體**」。此外，還能藉由將面重疊來表示「**階層**」。

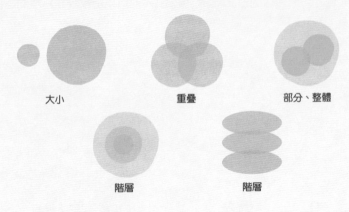

大小　　　　　　　　重疊　　　　　　　　部分、整體

階層　　　　　　　　階層

使用面的圖表例子

箭頭的使用方法

　　根據使用方法的不同，箭頭可以具有各種不同的含意。運用上相當方便，有許多人會在平時隨意拿來使用。接下來，請一起來了解箭頭所具有的各種含意，並學習如何從現在開始主動、適當地運用這個基本要素。

　　箭頭具有方向性，可以用來表示原因和結果的**「因果」**、連續的**「順序」**、物品和金錢的**「流動」**等。

因果　　　　　　　順序、變化　　　　　　流動

對立、替換　　　　　循環　　　　　　　匯集

此外，箭頭只要改變角度，就能呈現出不同的意思。

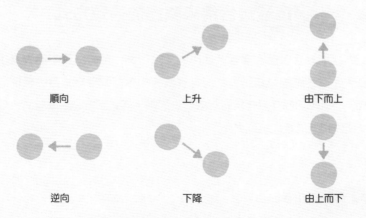

順向　　　　　　　上升　　　　　　由下而上

逆向　　　　　　　下降　　　　　　由上而下

memo

箭頭還有許多其他的使用方法，並且可以使其具有多種含意（參閱書末的圖像庫）。但同時，讀者也可以解釋成各種不同的意思，所以可能也會因此產生誤會。根據使用的場合，有時必須添加詞語來縮小含意。

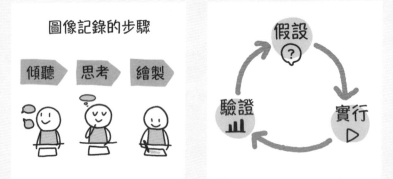

使用箭頭的圖表例子

選擇最適合用來表達的表現方式

到目前為止，已經學會了使用點、線、面、箭頭的基本圖表表示法。了解基本的模式後，就能為想表達的內容選擇最適合的表現方式。而且，如同在這裡所看到的圖表範例，透過結合圖畫或言語，就能使表現方式更加多元。

參考《デザイン仕事に必ず役立つ図解力アップドリル》（原田泰，Born Digital）

小練習

試著將「直到商品送達客人手中」這句話製作成圖表

將周遭的事物作為題材,繪製成一張圖表,例如上班公司出的商品,或是平時經常使用的產品等。

（！）提示　切入的視角對於製作圖表來說非常重要。從金錢的流向或製造的流程等各種切入點中,找到你想傳達的視角。

────── 答案範例 ──────

這是在麒麟集團的有志企業內大學「kirin academia」的圖像記錄研習中,以「啤酒送達客人手中」為題進行小練習時,參與者所繪製的答案。利用不同的切入視角,例如金錢的流向或製造的流程等,就能製作出圖表。

4-3 對會議有幫助的 6個圖表類型

以下介紹有助於整理會議討論內容的6個代表性圖表類型。

掌握6個圖形

　　用來分類、整理資訊的圖表相當多元，這裡要介紹的是有助於會議的6種代表性圖表類型。請根據會議的目的選擇最適合的類型。

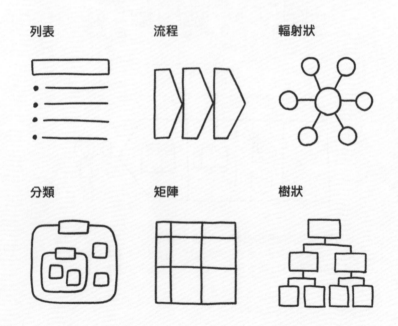

列表　　　　　流程　　　　　輻射狀

分類　　　　　矩陣　　　　　樹狀

列表

列表是一種將訊息逐個分成單一項目，從上往下排列的圖表。只要將討論中出現的意見和訊息製作成列表，就能輕鬆彙整討論的內容。

●可以用在這些場合

- 想要管理項目計畫的任務時
- 想確認下一個動作時
- 想提出會議的議題時

用來管理項目任務的
To Do列表

用來提出會議議題的議程

memo

純文字的列舉表也是列表的一種。讓人看起來簡單易懂的訣竅是文字要齊頭，以及凸顯句首的符號。

流程

流程型是一種表現時間流逝或事物過程（流程）的圖表。有助於整理前後順序或日程安排。

●**可以用在這些場合**

・想重新評估工作流程時
・想管理研究項目的日程表時

工作流程

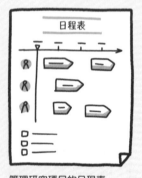

管理研究項目的日程表

memo

重點在於要順著人的視線方向，決定是要由左到右還是由上到下。

輻射狀

輻射狀是將主題置於中心,以往外放射的方式來安排、連接相關的要素。有助於整理像是發散思考這類從一個主題聯想到多個事物的過程。

● **可以用在這些場合**

・ 想利用腦力激盪進行發散思考時

・ 想針對主題自由討論時

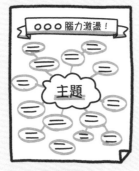

腦力激盪的發散思考

按主題來分類討論的內容

memo

「心智圖」作為促進聯想的發散結構相當有名。在進行聯想時要擴大聯想的範圍,不僅要關注相似之處,也要著眼於「相反的事物」以及「具有因果關係的部分」。

分類

分類是一種將相似的要素框起來並彙整的圖表。藉由將要素進行分類和增加關聯性，就能發現共通點並匯集想法。

●可以用在這些場合

- 想在腦力激盪中將想法分類時
- 想要整理匯集出的想法時

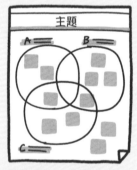

分類想法時使用便條紙

按主題整理意見

memo

分類對於腦力激盪這類所有參與者交換意見的場合很有幫助。使用便條紙提出想法後，一邊查看內容一邊進行分類，將相似者擺放一起。當組成多個類別時，請貼上代表組別的便條紙，並以線條框起來。

矩陣

矩陣型是使用縱軸和橫軸兩個不同的視角進行分類的圖表。適合用在比較、分析選項後達成共識的場合。

●可以用在這些場合

・想比較、分析想法時

・想要評估多個選項時

・想比較競爭對手的定位時

選項 A 和 B 的優勢和劣勢

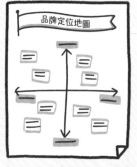

比較本公司與競爭品牌的定位圖

memo

矩陣型的重點是軸的設定。關鍵在於要選擇相反的概念作為軸。例如優勢／劣勢、高價／低價等。

樹狀

樹狀（樹狀結構）是用來表示親子關係和階級結構的圖表。在從結構了解事物，以及將事物分解進行思考的時候會很有幫助。

●可以用在這些場合

- 想確認組織結構時
- 想確認題目或問題時

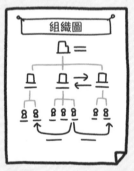

組織圖

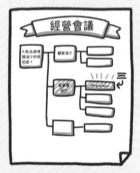

用來闡明問題的原因，以及計劃解決方案的邏輯樹

memo

樹狀結構要遵守兩個規則：上一層要包含下一層，以及同一階層要擺放同一等級的內容。

Chapter

5

傳達用設計

只要學會一些小技巧，例如要素排列或選擇顏色的方法，
即可清楚明瞭地將資訊傳達給觀看者。在這一章中，將會
介紹任何人都可以掌握的「傳達用設計」的訣竅。

5-1 設計4原則

以下介紹為了讓資訊看起來簡單易懂的設計原則。只要了解設計原則並主動拿來運用，就能立即形成適用於傳達的設計。

設計4原則

　　圖像記錄和塗鴉筆記的好壞不在於圖像的美觀程度，而是有沒有徹底彙整所有的想法，以及是否促成雙方對話。雖說如此，從整理資訊並傳達給觀看者這點來看，掌握讓圖像閱讀起來簡單易懂的設計技巧，並不會有什麼損失。

　　以下介紹我在進行設計工作時參考的「設計4原則」。這些在設計領域中是眾所周知的原則，但不只是設計師，這些內容對於許多人來說也會很有幫助。這裡將以塗鴉筆記和圖像記錄中常見的例子，說明這4個原則。

設計 4 原則

---

① 接近原則

　在繪製圖像記錄或塗鴉筆記時，有時會不小心將整個頁面都畫滿密密麻麻的文字或圖畫。然而，當圖像的位置太過緊密，會導致觀看者難以理解內容的結構和關係性。

　接近原則是指將相關的要素分配在附近，以進行分組。在圖畫中將相關的要素擺放在一起後，看起來就會像是一個組別。因此，建議像這樣把相關的要素放在一起，不相關者相互分開。**運用接近原則，觀看者就能直接理解資訊的結構。**

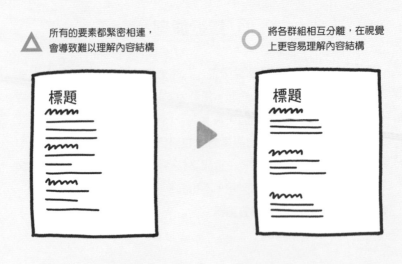

所有的要素都緊密相連，
會導致難以理解內容結構

將各群組相互分離，在視覺
上更容易理解內容結構

標題

標題

memo

接近，換言之就是控制「留白」。只要增加留白的部分，不僅整個版面看起來更清爽，而且後續還能用來補充訊息。此外，版面的留白同時也代表思考的留白。

② 排列原則

著手繪製圖像時，要從紙張的哪裡開始畫呢？並非只要有空白的地方，從哪裡開始都無所謂。若毫不規劃地就開始繪製，文字和圖畫看起來就會顯得很零散，給人一種散亂的感覺。

排列的原則是指，各要素要對齊擺放。透過對齊隱形的線條，文字會更好閱讀，閱覽圖畫也會更輕鬆。即使是圖上相互分開的要素，只要排列擺放，就能看到其關聯性。由此可知，**排列會產生一體化的視覺效果**

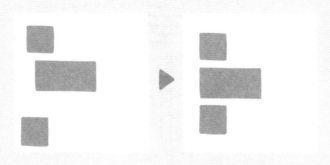

要素位置散亂，帶給人雜亂
無章的印象

同類的要素對齊同一條線，
就能呈現出簡單好懂的版面

 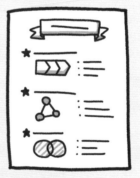

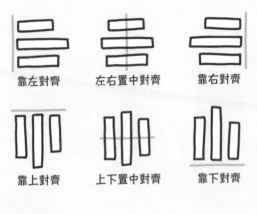

靠左對齊　　　左右置中對齊　　　靠右對齊

靠上對齊　　　上下置中對齊　　　靠下對齊

排列的種類

③ 重複原則

　　有各種方法可以讓關鍵字或重要的內容更加醒目，例如圈起來、畫底線及塗色等。不過，如果在同一個版面同時使用這些方法，反而會導致內容更難以理解。

　　重複原則是指，重複使用設計中的表現方式。也就是說，不要隨意增加表現的方式，而是遵循一定的規則使用相同的表現方式。**只要活用重複原則，設計就會產生一致性。**可以在一開始就制定必要的規則，例如用於強調的顏色或線條等，這樣就能避免猶豫不決。

△ 沒有統一強調的方式，就會看不出重點在哪裡

○ 統一規則後，就能輕鬆傳達出強調的用意

④ 對比原則

你是否有過重新檢視畫好的圖像時，覺得「畫了很多內容，但卻沒辦法一眼看到重點」的經驗呢？

對比原則是指，清楚地讓不同的要素看起來是相異的。確定訊息的優先順序，並讓重要的要素更為明顯等，加上強弱的差別。具體來

說，可以透過改變大小或顏色，形成視覺上的對比。**對比會為設計帶來強弱差異，有助於明確傳達出想表示的資訊。**

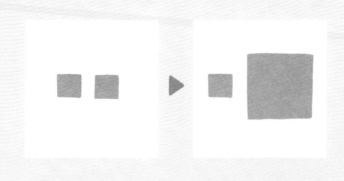

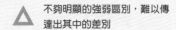 不夠明顯的強弱區別，難以傳達出其中的差別

不要害怕，大膽地標示出區隔

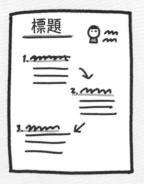

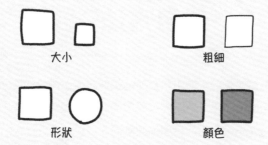

大小　　　　　粗細

形狀　　　　　顏色

上圖為增加對比的方法。除了單純地放大外，還可以利用線條的粗細、要素的形狀或顏色，製造視覺上的差異。

memo

對比原則的重點在於要確定資訊的優先順序。如果什麼都強調，那觀看者就沒辦法得知哪裡才是真正重要的資訊。

5-2 傳達用顏色的使用方法

只要巧妙地組合顏色，使資訊更加明顯並表達出內心的畫面，就能發揮出符合目的的效果。以下就來學習色彩的基礎知識和產生效果的使用方法，製作出適合用於傳達的設計吧！

色彩的基礎知識

色彩可以用「**色相**」、「**彩度**」、「**明度**」3個屬性來表示。

● **色相**

色相是指紅色、黃色、藍色等「色調」。大致可分為暖色系和冷色系。

● **彩度**

彩度表示「鮮豔程度」。彩度愈高顏色就會愈鮮艷；反之，愈低的話顏色就愈黯淡。

● **明度**

明度代表「明暗程度」。顏色明度愈高就愈明亮；反之，愈低則愈黑暗。

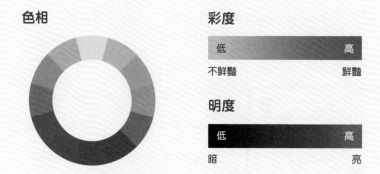

色相

彩度

低		高
不鮮豔		鮮豔

明度

低		高
暗		亮

使用4色即可

　要製作出容易理解的圖像，顏色的運用是一個重要的手段。不過如果使用太多顏色，看起來會讓人覺得很雜亂，但若只用1個顏色，又可能會顯得過於單調。因此，**包含背景和文字顏色在內，建議一次使用4種顏色最為適合**。像這樣制定規則並有計畫地分別使用，就能打造出既容易理解又富有魅力的設計。

△ 看起來鮮豔，但給人雜亂的感覺

○ 將顏色數量控制在最少，就能整理出資訊的重要程度

預先選擇4種顏色。顏色有4個種類，分別是**「背景色」、「基本色」、「強調色」、「輔助色」**

○ 背景色　作為基礎的畫紙顏色

● 基本色　用於文字、圖畫、圖表的顏色

● 強調色　凸顯重要內容的顏色

● 輔助色　用於輔助的顏色

顏色比例

如果背景色為亮色系，那基本色要選擇黑色或深藍色；強調色使用鮮艷的顏色；輔助色則選用淺灰色或淺色，這麼一來，視認性會更高。

●背景色

背景色是作為基礎的顏色。一般通常是白色，但也可以配合主題使用黑色、灰色或有色調的顏色。模造紙有各種顏色可供選擇，如果是使用iPad等數位工具，則可以將喜歡的顏色設定成背景色。

●基本色

基本色是用來繪製基本文字、圖畫和圖表的顏色。重點是於要選擇與背景色形成明顯對比的顏色，以便清楚地辨別兩者。

●強調色

強調色是用在重要或是想要特別凸顯的部分。建議選用既鮮艷又醒目，與背景色和基本色都不同的顏色。準備1個顏色即可，但如果想用顏色來對資訊進行分類，使用兩種顏色以上也能表現出相應的效果。

●補助色

輔助色是用於陰影或圈繞等時候的輔助性顏色。建議使用與背景色相同色系的顏色。

背景色是暗色系時，基本色選擇白色；強調色使用鮮豔顏色；輔助色選用暗系的話，視認性會更高。

如果背景色是具有彩度的顏色，例如牛皮紙，那基本色、強調色及輔助色分別選用黑色、白色及暗色系的話，就能提高視認性。

此為使用雙色強調色的示例①。對不同
的訊息例如優勢和劣勢等,使用不同的
顏色,就能從視覺上進行資訊分類。

此為使用雙色強調色的示例②。根據發
言者區分使用對話框的顏色,有助於輕
鬆傳達對話的內容。

立即見效的顏色使用方法

　　不要隨意使用顏色,而是要帶著目的性來使用。以下介紹5種立竿
見影的使用方法。

●強調
重要的部分使用強調色,使其更顯眼。這麼
一來,觀看的人就能有效率地從大量的資訊
中找到重點。

●區隔

若以黑色來畫邊框或分隔線，可能會使線條過於醒目。想要自然地劃分資訊時，最好是使用在視覺上不會引起注意的顏色。

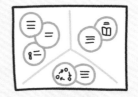

●創造立體感

在圖畫或圖表上添加陰影後，可以表現出物體的立體感和重疊感。藉此便能凸顯出重要的資訊。

●分類

透過制定規則，並使用數個顏色的方式，可以從視覺上分類資訊。以贊成和反對的意見為例，分類有助於凸顯優勢和劣勢之間的對比關係。

●傳達印象

每種顏色都有相應的印象，例如黃色是希望和注意；藍色是信任和冷漠；紅色是熱情和憤怒等。以想要傳達的印象來選擇顏色，可有效改變內容帶給人的感覺。

注意顏色搭配

　　強調的部分或標題可能會在文字背景上添加顏色，遇到這種情況時，並不是選擇什麼顏色都適合。如以下的例子所示，明度太接近、彩度過高，都會導致文字變得難以閱讀。因此，要選擇明顯不同的顏色，以區隔出文字和背景的差異。

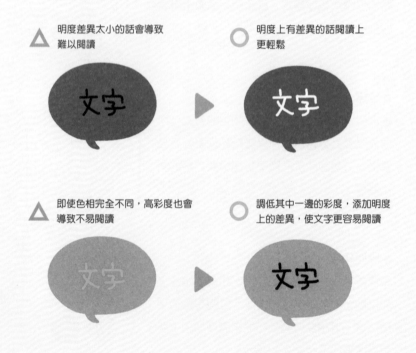

Chapter

實際運用
圖像記錄

最後是實際運用圖像記錄。本章將學習實際運用的必要技能與知識，一次收錄從設立計畫，到傾聽和共享的方法。

6-1 場合和過程

舉凡從日常會議到活動現場，圖像記錄在各種場合都能發揮效果。不只是正式進行的當下，事前的準備和事後的共享也很重要。

圖像記錄能發揮效果的場合

如第1章所提到的，圖像記錄是透過將對話的內容進行視覺性的記錄，使討論過程更熱絡的方法。**從日常會議到活動現場，在各種場合都能發揮出效果。**

● **會議**
在會議這類要做出決策的場合，將討論內容視覺化，有助於相互理解以及達成共識。

●研討會

在研討會這種許多參與者進行討論的場合，具有降低發言門檻，使討論更熱絡的效果。

●活動

在演講或談話等活動上，有助於營造出促使參與者察覺和對話的場所。

●線上會議

就連最近愈來愈普遍的線上會議，也能透過視覺化來概括、整理容易演變成隔空喊話的對談內容。

圖像記錄的步驟

　　圖像記錄的步驟，大致可分成3大流程，分別是**準備、正式繪製、共享**。

●準備
有許多人認為圖像記錄是即興創作，但其實事前的準備工作相當重要。在正式繪製之前，要先建立明確目的，像是「現在是為了什麼進行圖像記錄？」，並制定計畫。

●正式繪製
準備好後，就可以參與討論，並將討論流程視覺化。**這時，視覺圖像記錄師會利用「傾聽、思考、繪製」這一過程，將聽到的內容視覺化。**不過這個動作並不是直接原封不動地畫出聽到的內容，而是將視覺圖像記錄師對內容的「理解」視覺化。

●分享
畫完就放置不管的話，會導致效果減半。因此，在會談結束後，也要運用圖像記錄來回顧對話內容，以及在公司內部進行訊息共享。

6-2 計畫和準備

為了讓圖像記錄確實發揮功效，事前確認目的、設立計劃等準備工作是非常重要的。

確定目的

如果在目的不明確的情況下開始正式繪製，很有可能會出現「只是畫出來而已，不適合拿來運用」、「所以原本是為了什麼才畫的？」的問題。**圖像記錄本身只是一種「手段」，所以必須先確定「是為了什麼而做」**。舉例來說，若開會是為了共享資訊，那就要著重於以簡單易懂的方式來彙整；如果是相互討論想法的會議，則要將重點放在馬上將提出的想法繪製成圖畫等。請根據討論的目的來考慮圖像記錄的功用。

徵詢意見後制定計畫

首先，準備好與主辦會議或活動的人進行討論的場合，並徵詢其意見。**徵詢意見是為了蒐集情報，以確定目的與制定計劃**。藉此共享會議或活動的目的與大略的要點，並針對為何要做圖像記錄進行協調。

●徵詢意見時要詢問的事項

・會議的目的和目標、主辦者的想法

・有什麼樣的任務和背景？

・對圖像記錄的期待是什麼？

・想與誰共享圖像記錄？

・議程

・會場的設置和設備

目的方面達到共識後，接下來是制定具體的計畫。

●計畫的內容

・繪製的地方、展示成果的地方

・根據場地的繪製和呈現方法

・準備的工具

・版面設計及顏色

・預習的對象

・後續的共享和運用

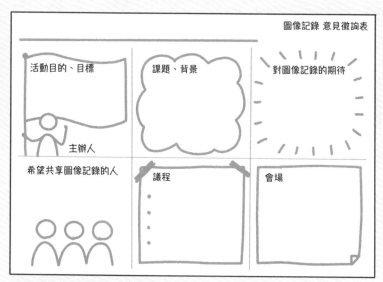

這是在接到活動圖像記錄的委託時，我所使用的意見徵詢表。在徵詢主辦者的意見時，會與對方一起看這張表單。

使用意見徵詢表的例子。邊聽對方說話邊當場進行繪製，以逐步達到共識。意見徵詢完後，將這張表單當作會議紀錄發送給對方，有助於資訊的共享。

事先預習

　　如果討論的是專業內容，建議事前先進行預習。畢竟沒有必要的知識，就沒辦法正確理解內容，所以要先學習相關領域的背景知識和專業術語。此外，若事先了解演講者的著作或採訪內容，就能看到他們發言的根本想法。

● **預習時要做的事項**
- 調查主題的背景知識和專業術語
- 瀏覽演講者的採訪報導或著作，理解其主張和想法
- 如果事前有先共享演講的投影片，要先瀏覽過一遍

memo

在預習的時候，如果試著將聯想到的圖表或圖畫先畫出來，正式繪製時就能派上用場。

6-3 工具

只要有一枝筆和一張紙，無論在哪裡都能開始繪製圖像記錄。雖說如此，但要有什麼樣的工具，才能順利地開始繪製圖像記錄呢？以下彙整了有助於圖像記錄的工具清單。

●白板

會議室基本上都會有白板。白板的優點在於獨立式設計，可以隨意移動到任意想去的地方。缺點是，白板筆的顏色沒有麥克筆多。

●模造紙

就算沒有白板，只要有牆壁，就能確保有地方貼上模造紙進行繪製。除了白色，模造紙也有其他不同的顏色，可以根據現場的氛圍和主題顏色來選擇顏色。缺點是如果沒有可以貼的地方就沒辦法使用，不過也可以選擇攤開在桌子或地板上。如果是用3M的「可再貼大海報」，就能像便條紙一樣黏貼、撕除，省去黏貼膠帶的麻煩。

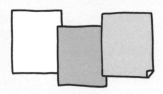

●紙捲

適用於要在大片牆壁上使用的時候。特點是可以依照喜好剪裁長度，以及控制紙面的寬度。

● 風釦板

黏貼紙的風釦板，因為具有厚度和硬度，只要有可以靠著的地方，無論在哪裡都能夠安穩地作畫。相較白板更省空間，可以直接貼著便條紙疊放，所以能馬上繼續進行下一個研討會。

● 便條紙

便條紙有助於蒐集參與者的意見，以及整理蒐集到的意見。推薦使用3M Post-it的狠黏系列，顏色多達21色，可根據意見使用不同的顏色。此外，結合不同形狀的便條，例如對話框或箭頭形狀等，還可以增添趣味性。

● 麥克筆

用於模造紙等紙張的基本書寫工具，推薦使用水性麥克筆。三菱鉛筆的「prockey」、ZEBRA斑馬的「紙用雙頭麥克筆」等，適合書寫粗寬的文字，而且墨水不會透到背面的紙張。此外，還有德國的辦公文具品牌Neuland所推出的麥克筆，其豐富的顏色和良好的顯色效果受到大眾的肯定，但缺點是市面上較不常見，價格也比較高。在準備麥克筆時，除了黑色和鮮豔的顏色，也不能忘記用來描繪陰影的淺灰色。粗斜的筆尖可以藉由改變握筆的角度，控制線條的粗細。

只要改變握筆角度，就能畫出粗線條和細線條！

● 紙膠帶

除了可以用來將模造紙黏在牆壁上，也能作為線條拿來區隔紙張的版面。

●修正帶

事先準備好只要貼在寫錯的地方就能進行修正的膠帶，就能穩定內心，避免慌亂。修正帶用於寫錯字或想要修改圖繪的時候相當方便。推薦使用Post-it的修正帶，它能幾乎完全蓋住之前繪製的線條。沒有修正帶的話，也可以用辦公用的標籤貼紙來替代。

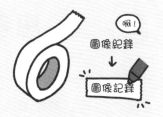

●圓形的彩色標籤貼紙

可用於請對方從提出的意見的想法中，投票選出認同或覺得較好的選項。

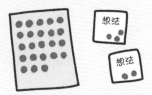

●iPad與Apple Pencil

Apple的iPad Pro和Apple Pencil最適合用於數位圖像記錄。連接顯示器或投影機後，即可在大螢幕上共享。iPad的活用方法將會於第7章進行詳細的說明。

工具的使用方法也有各種可能性，請根據目的和環境來選擇工具。

6-4 思考版面設計

要讓所有人可以閱覽複雜的討論內容，就需要彙整的基礎。接下來就讓我們一起來思考作為彙整基礎的版面該如何設計。

版面是彙整討論內容的基礎

沒有決定版面就開始繪製，可能會出現不知道該如何繼續畫下去的情況。若抱持著總之就是畫在空白處的心態，會導致觀看的人不知道要怎麼看比較好。

為了使複雜的討論內容可以一覽無遺，必須要有作為彙整基礎的版面設計。版面有各種不同的樣式，可以選擇適合商討的形式和目的的設計。

3種「版型」

　以下介紹我常用的3種「版型」,分別是「時間線版型」、「對話框版型」、「擴散版型」。這裡將會列出每個版型適用的場合,以及版面設計的重點。這些不一定是最佳的方案,但請在考慮版型應注意哪些要點時將此作為參考。

memo

版面設計最好根據場合的目的,事先有個雛形,但也要有可以因應當下的討論流程來臨機應變的靈活度。

① 傳達說話順序的「時間線版型」

　將談話的內容按照時間順序排列的時間線版型,是一種簡單就能套用在所有場景的版型。尤其適合演講和提案等,內容有一定程度的系統,須按照邏輯順序進行的場合。此版型的特點是說話順序一目了然。

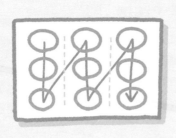
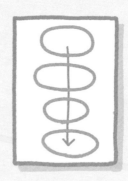

● 適合的場合

提案、演講、研討會、會議等

● 版面設計的重點

著重於「原因→結果」、「問題→提案」這類的邏輯發展，並有效運用箭頭來表示。此外，發表的結論要用「發表者想要傳達的訊息！」來強調，讓觀看者一看就懂。

時間線版型的例子

② 可以看到對話傳接球的「對話框版型」

　　將發言以對話框框起來，使之相互連貫的對話框版型，適合用在對談環節或談話等以多人交談的形式進行對話的場合。是一種用來傳達話語拋接的版型。

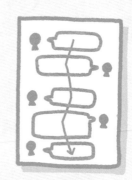

● 適合的場合
對談環節、談話、採訪等

● 版面設計的重點
根據說話者變換對話框的顏色，就能一眼看出是誰的發言內容。將提問的對話框和回答的對話框放在一起，可使對話更容易理解。換話題時，建議以留白的方式從視覺上呈現話題的段落。

對話框版型的例子

③ 討論內容擴展情況一目了然的「擴散版型」

在研討會和腦力激盪等參與式討論的場合，推薦使用擴散版型，方便彙整每個話題的發言內容。

擴散版型是於4-3提到的輻射狀和分類圖表的思考基礎，是一種可以一目了然看清討論內容擴展情況的版型。

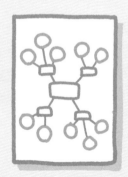

● 適合的場合

研討會、腦力激盪等

● 版面設計的重點

將主題大大地繪製在中央，在其周圍畫上討論中產生的想法。重點在於，要平鋪直敘地繪製每個人的發言，而不是去概括內容。將相似的話題畫在一起，或是以框線的方式來分類，並在每個組別貼上標籤。盡量將想法畫成圖畫，使之具體化，有助於傳達給更多人。

擴散版型的例子

6-5 繪製流程

假設現在是一個說明圖像記錄的講座，從開始繪製圖像記錄到完成的流程，我會分為4個階段來進行說明。請大家將以下的內容作為範例來參考。

① 準備標題和版面

在正式開始繪製前，請先畫上可以預先畫好的內容，例如標題、肖像畫和署名等，並畫出大概的版面設計。此外，還要確定畫筆的種類和顏色。

② 邊聽邊繪製內容

　　一旦開始說話後，就要一邊注意談話的大致流向，一邊彙整、分類聽到的內容後進行繪製。在相同的話題上，繪製對話框、邊框或加上標題，使其看起來像一個整體。此外，不必勉強將全部的內容畫在一張紙上。可以留下空白，反之，如果空間不夠，則只要補上新的紙張即可。

③ 收尾

　　在談話接近尾聲時（或是結束後）進入收尾階段。補足遺漏的資訊，完成整個內容。例如在重要的地方畫上螢光筆來凸顯，或是利用箭頭來表示話題的關聯性。

④ 蒐集參加者的意見

利用演講最後的總結時間，大家一起邊看圖像記錄邊回顧。可以利用請參加者自由地在便條紙上寫下感想或意見，並貼在圖像記錄上等方式，蒐集意見，深入討論。

6-6 轉換聽的方式

邊聽談話內容邊繪製下來並不是什麼簡單的事情。不過，只要在聽的方式上動點腦筋就能做到。訣竅是在「仔細聽」與「忽略不聽」之間來回切換。

錯過的內容比想像中的多

我本來就不擅長集中注意力聽人講話。在剛開始進行圖像記錄時，演講結束後和其他參與者交談，常常會發現自己錯過比想像中還要多的內容。本以為頂多只有漏掉些許部分，結果嚴重到連自己都驚呼「我完全沒聽到那些內容……」這是因為在畫畫的時候，腦袋完全專注於畫畫這件事，導致錯過的內容比預想的還要多。

短暫地來回切換「仔細聽」與「忽略不聽」

如6-1所述，圖像記錄是透過「傾聽、思考、繪製」這一過程，同步將對話視覺化。我曾經因為不能邊聽談話內容邊繪製，覺得遇到難以跨越的高牆，但其實全部的事情同時並行本身就是不可能的事情。

因此，我決定在傾聽談話時，試著切換「仔細聽」與「忽略不聽」的時機。當談到重要的內容時，我會暫時放下手邊的工作，專注於理解和整理資訊；如果是可以忽略不聽的內容，就提筆繪製圖像記錄，利用這段時間輸出腦中整理好的資訊。

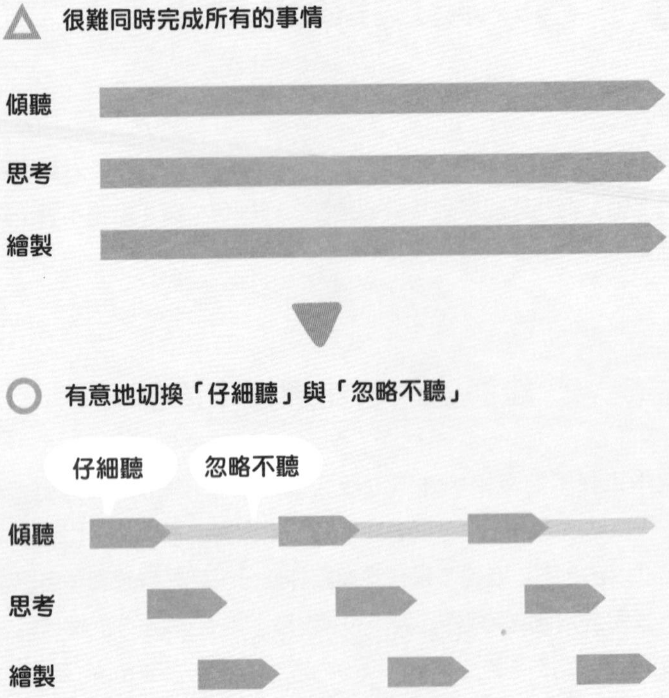

△ 很難同時完成所有的事情

傾聽

思考

繪製

▼

○ 有意地切換「仔細聽」與「忽略不聽」

仔細聽　　忽略不聽

傾聽

思考

繪製

像這樣，認真地在「仔細聽」和「忽略不聽」之間進行選擇，我就能在部分內容中切換「仔細聽的時機」與「忽略不聽的時機」，同時在整體內容上達成所謂的「邊聽邊繪製」。

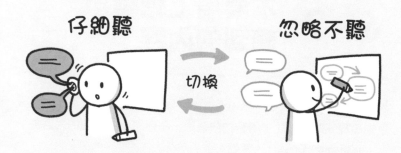

仔細聽　　忽略不聽

切換

區分「仔細聽」與「忽略不聽」的信號

所以什麼時候要仔細聽，什麼時候要忽略不聽呢？以下是我作為判斷線索的信號。

● 「仔細聽」的信號

・說話者熱情地、富有情緒地說話（從表情或聲調判斷）

・說話者停頓時（擅長說話的人會在表達想傳達的訊息前留下作為空白的停頓）

・發表提案的開始和最後的總結

● 「忽略不聽」的信號

・進入詳細說明的環節

・話題脫離主題時

・反覆述說相同內容時

・朗讀投影片上的內容時

6-7 不要馬上繪製聽到的內容

若將聽到的內容全部記下來，不但會沒有時間消化理解，同時還會導致來不及完成。因此，繪製的訣竅是，不要馬上將聽到的內容畫下來，而是要掌握說話的大方向。

不要將聽到的內容全部畫下來

我非常理解那種想要將聽到的內容全部記下來的心情。我剛開始進行圖像記錄時，也會抱著「這個很重要、那個也得畫下來」的想法，無論如何都盡量把聽到的內容都畫下來。但我學到教訓，了解這樣做事情就沒辦法順利進行的事實。因為如果原封不動地保留聽到的內容，就沒有時間去理解。如此一來，就會造成以下的弊病，導致好不容易製作完成的圖像記錄變得毫無意義。

●將聽到的內容全部記下來的話……

· 無法區分重要與不重要的內容

· 來不及繪製

· 一旦來不及跟上，就會變得焦躁不安

· 即便是自己或參與者在事後回顧，也看不出重點是什麼

不要馬上繪製，掌握說話的大方向

那應該要怎麼聽會比較好呢？訣竅是不要馬上將聽到的內容畫出來。各位可能會覺得很訝異，**但重點是專注於掌握整個內容，不要太在意細節。** 圖像記錄不是為了準確記錄每一句話，抓住討論內容的大致方向才是最重要的。

人們經常會從不同角度反覆講述同一件事、在沒有結論的情況下開始談話，或是說一些偏離主題的內容。當想說「把剛剛說的話畫下來」時，請試著聽一下內容後續，而不是馬上把聽到的內容直接照著畫出來。「雖然說了許多內容，剛剛的話應該是想說的重點吧。」如果可以像這樣捕捉到說話者想說的內容，就可以把它當作一個話題來彙整。

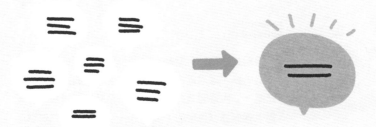

過濾出「真正想說的內容」的疑問

在聽別人說話時，心中抱持著以下的疑問，有助於過濾出「真正想說的內容」。

- 為什麼要提起這個話題呢？
  →理解內容的展開邏輯
- 是否用不同的角度反覆闡述意見呢？
  →發現強烈的主張
- 與他人意見相同與相異的地方在哪裡？
  →找出意見的不同點以及共同點
- 對議題來說有什麼關係？
  →發現議題的切入點

memo

圖像記錄的第一步就是抱持這些疑問。如果可以參與討論的話，建議提出「也就是說，剛剛的話是這個意思嗎？」的疑問或是畫出來給對方看。無論是「對對對！這就是我想說的！而且……」像這樣深入討論，還是得到「不對，這裡不是這樣」的回覆，進而修正理解的方向都是不錯的結果。

6-8 後續的共享與活用

在實際運用圖像記錄的過程中，可能會有「結果畫完就放著，之後也沒有好好利用」的感覺。這也是許多視覺圖像記錄師所面臨的挑戰。接下來讓我們一起來思考要如何在後續共享和活用圖像記錄。

為了不演變成「畫完就放著」的情況

圖像記錄除了可以活絡會議中的對談外，也能在會議後作為共享內容的記錄。**不僅出席會議的人可以回顧整個討論的情況，還可以與沒有參與會議的相關人員共享會議的當下的氛圍。**正如本章開頭所說的，為了有效共享、活用圖像記錄，避免「畫完就放著」，確定目的相當地重要。在準備階段就要確定會議的目的，並以此為基礎，與主辦者確實討論、計畫「要與誰共享，以及想要如何運用」。

後續的共享與活用例子

●回顧當天的內容作為對談的契機

利用會議的休息時間或活動的聯誼會時間，讓出席者隨意觀看圖像記錄，就能製造回顧或對話的契機。

●直接將在會議中產生的想法繪製在 提案上

如果當場就馬上將在會議中產生的想法繪製出來，之後就可以直接剪下，黏貼在提案資料上，同時還能立即與相關人員共享資訊。

●結合文章後完成報告

圖像記錄並非每一字每一句全都記錄下來，在與不在現場的第三者共享資訊時，要特別留意這點。但如果是利用圖像記錄表示整體情況，再透過文字補足文章脈絡，就能輕鬆傳達給第三者。

Column 注意事項

以下列出實際運用圖像記錄時需多加留意的事項。

向參加的人介紹圖像記錄

在開始談話之前,請向所有的參與者介紹圖像記錄。在沒有事先介紹的情況下突然開始繪製的話,不僅參加的人不知道發生什麼事,同時也會沒辦法好好活用圖像記錄。因此,首先要向現場的人傳達圖像記錄的目的,以及希望他們如何參與。

大致方向比細節重要

如6-7所敘述,不必將聽到的內容全部畫下來。就算沒聽到細節也不用緊張,將注意力放在掌握話題的大方向。

說了什麼比是誰說的還重要

圖像記錄的優點是,不論主管和下屬等立場上的差異、說話大不大聲,都能平等處理每個意見。比起說話的人是誰,更應該注意說了什麼,並公平地採用意見。

大家一起製作

請記住，圖像記錄是由現場所有的參與者一起製作完成，並非是視覺圖像記錄師一個人的工作。要積極主動地尋求大家的幫助，例如請教漏聽的內容，或是請大家幫忙補充內容和感想等。

重視自己的風格

圖像記錄會表達出經過視覺圖像記錄師理解後的內容，所以10個人來畫就會有10種結果，沒有所謂的正不正確。因此，請珍惜與自己產生共鳴以及內心抱有疑問的部分。

積極詢問

從視覺圖像記錄師的角度來看覺得有疑問的地方，請直接在現場發問。如果覺得討論的內容停滯不前、沒有進展時，可以邊讓對方看繪製的圖畫，邊詢問：「目前為止的說話內容是這樣嗎？」如此一來，不僅有助於讓參與者的想法達到一致，還能讓討論更容易往前推進。

提升技巧的步驟

以下是我以自身的經驗為基礎來彙整，用於提高圖像記錄技巧的步驟。如果可以成為參考的話，我會很感到很榮幸。

① 邊聽發表影片邊練習

對一般人來說，突然要當眾在一張大紙上繪製圖像記錄是非常困難的。於是我先從可以在家輕鬆完成的練習開始。網路上有許多錄有精彩演講的影片和訪談 Podcast，不要浪費善用這些資源的機會。關鍵在於不要按暫停鍵，習慣在聽講的同時將內容轉換成圖像的過程。

memo

我蒐集了一些適合用來練習圖像記錄的影片，請利用它們來練習。

「推薦用來練習圖像記錄的影片」

https://note.com/kuboasa/n/n0b09db11f849

② 在讀書會或會議上做塗鴉筆記，熟悉現場的氣氛

因為工作的因素，我經常會去參加設計相關的讀書會或談話活動，藉此在各個地方練習塗鴉筆記。而且我也開始在公司會議上繪製塗鴉筆記，當作個人的備忘錄。和①的區別在於，可以親身感受到現場的氣氛。當習慣現場的氣氛，例如參與者的笑容、說話者的表情和聲調，以及討論的速度等，就更容易為③做好心理準備。此外，也要將畫好的塗鴉筆記拿給其他參與者看，作為談話的契機，或是試著聽取對方的看法。

③ 試著在眾人面前繪製

在①②步驟習慣了邊聽講邊繪製的過程後，接著是嘗試在公司會議或身邊的活動等場合，實際站在大眾面前，在大畫布上繪製圖像記錄。不要什麼都沒準備就開始，在事前要與主辦者一起規劃好目的和運用的方式（參照6-2）。

④ 模仿範本，汲取優點

提升技巧的捷徑是找到可以作為範本並進
行模仿的對象。我蒐集了國內外視覺圖像記錄
師們的作品和值得參考的插圖，積極地嘗試、
採用我認為不錯的表達方式和技巧。在仔細觀
察並試著繪製出相同圖畫的過程中，順利重現
的部分將會收進自己技巧抽屜中，下次就可以
自由運用。

⑤ 找到自己的風格

只要不斷地累積經驗和接觸其他視覺圖像
記錄師，就會慢慢地找到自己擅長和感興趣的
地方。就我而言，我在這個過程中逐漸得知，
自己擅長抓住討論的重點並進行結構化，以及
靈活運用設計的知識，呈現出簡單易懂表達方

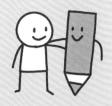

式。而且還很喜歡幫助對方整理腦中的想法。在擁有自己的風格和核
心後，就能形成工作上的準則。

⑥ 尋找同伴

　　一個人也能進行圖像記錄，但如果有一起活動的同伴的話，就能加快學習和挑戰的速度。以步驟來說是第⑥步，但其實愈早行動愈好。最近經常聽到企業內部集結有相同志向的人，組成了「圖像記錄部」進行活動。我也有和幾位同事組成圖像記錄部，一起在公司以外的地方活動，並互相回饋和分享學習。

memo

請各位讀者一定要活用主題標籤「#給新手的圖像簡報會議技巧」，將此作為分享學習的地方。上傳至社群網站，相互激發靈感，一起提高圖像記錄的技巧！

Chapter

7

數位圖像記錄

隨著 iPad 和 Apple Pencil 的推出,數位圖像記錄愈來愈普遍。本章彙整了數位圖像記錄的表達方式和共享方法。

7-1 利用iPad 擴大表達範圍

如果有iPad和Apple Pencil，無論在哪裡都可以輕鬆繪製圖像。以下介紹的是，在iPad的製圖應用程式 Procreate中，可以擴大各位表達範圍的功能。

兼具簡易性和便利性的iPad

iPad和Apple Pencil兼具手繪的簡易性和數位的便利性。無論在哪裡都能夠輕鬆開始繪製，修改和更改上也很方便簡單。而且繪製完成後可立即匯出圖片檔，迅速與相關人員共享資訊。

從日常的筆記、構想草圖到圖像記錄，iPad和Apple Pencil在各種場合都能派上用場。

推薦應用程式 Procreate

推薦用於圖像記錄的iPad應用程式是「Procreate*」。這款使用Apple Pencil的製圖應用程式，可以像手繪一樣自由繪製圖像。我每天都會將此用在各種用途上，像是設計工作、圖像記錄等。

Procreate有各種繪製圖畫的功能。以下會從中介紹一些方便的功能，幫助各位進行圖像記錄。

*Procreate

iPad專用的製圖應用程式。可以使用Apple Pencil畫出模擬鉛筆和水彩等感覺的圖畫／插畫。也支援動畫功能。為從2011年開始於App Store上架的付費應用程式。

memo

除此之外，還有其他各種應用程式，例如筆記本應用程式「Good Notes」和速寫應用程式「Concept」等。但在實際運用視覺思考的人裡，Procreate是最多人使用的經典應用程式。本書大部分的插圖也都是使用Procreate繪製的。

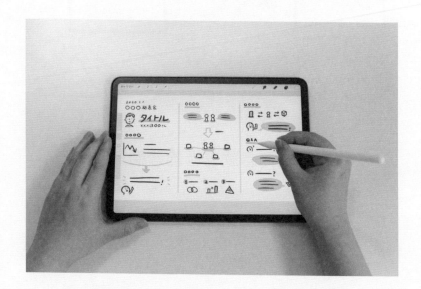

利用圖形修正功能畫出比手繪更漂亮的線條

　　沒辦法漂亮地畫出線條和圓圈時，圖形修正功能Quick Shape可以幫忙解決這個問題。畫好後只要按住幾秒鐘，就會將手繪線條修正成直線，將圓形調整成正圓。只要有這個輔助功能，就連「覺得讓人看手繪圖很不好意思」的人，也能簡單迅速地畫好圖並呈現給他人看，或是貼在資料上。

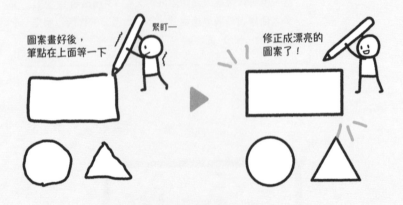

使用各式各樣的筆刷

　　Procreate裡有許多不同的筆刷。像是可以畫出像是真的鉛筆筆觸的鉛筆筆刷，以及麥克筆、水彩、油畫、紋理筆刷等，1枝Apple Pencil就能展現出多種表達風格。

只要1枝
Apple Pencil！

可以用自製插圖來創建印章

Procreate自訂筆刷功能的發揮空間相當大，可以使用自己繪製的插圖來創建印章筆刷。只要先登錄經常使用的圖案，例如人物、箭頭或自己的簽名等，就能節省時間，非常方便。

創造一次後
就能大量生產！

ASAMI KUBOTA

先將經常使用的簽名或肖像畫製成印章，就能夠隨時使用！

一瞬間就能塗好顏色

以紙張和麥克筆來進行時，遇到大範圍塗色時，必須花費時間和精力來完成，但若是使用數位的方式，只要運用填色功能，就能瞬間塗好顏色。這樣講或許很理所當然，但能夠輕鬆使用塗色範圍的話，就可以大幅擴大表達的範圍。

非數位方式塗色　　　　　　　　　　數位方式塗色

繪製好後可以縮放和移動

圖畫一旦畫在紙上後就沒辦法再移動，相對的，用數位的方式畫出的圖畫，後續還可以自由放大、縮小和移動。也就是說，因為可以隨時進行修改，過程中能邊畫邊改變繪製的方向。光是擺脫「畫錯該怎麼辦」的煩惱，就能降低繪圖的門檻。

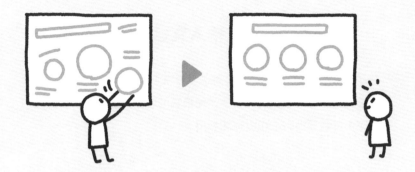

可以結合照片和圖畫

Procreate具有讀取照片的功能。在讀取的照片上透過手繪繪製筆記或草圖，就能結合照片和圖畫，展現出新的表達方式。此外，想畫肖像畫時，也可以採用讀取對方的照片後進行描摹繪製的方法。

可以輸入文字

　　除了手繪外，Procreate 還能輸入文字，藉由此功能可以組合文字和手繪圖畫。此外，也有更改字體和樣式的功能，想要讓標題等文字看起來更美觀漂亮時，可以多加利用。

TITLE TITLE

タイトル タイトル

可利用縮時影片來回顧

　　Procreate 有自動記錄繪製過程並製成縮時影片 * 的功能。只要利用這一功能，就能按照時間順序回顧繪製圖像記錄的過程。換言之，即回顧之前的討論過程。這可以說是數位繪製獨有的劃時代表達方式。

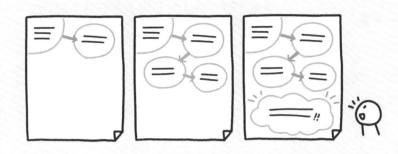

※**縮時影片**：可以快速播放時間經過的影片。在Procreate中，可以將繪製的過程濃縮成30秒左右的短片。

memo

可從**note**的文章中確認該如何實際操作這裡所介紹的功能。其中，我還會以影片的方式進行簡單易懂的解說。

「【Procreate】利用iPad擴大表現力！11個想要使用的方便功能」
https://note.com/kuboasa/n/n1b01fd1ac6eb

7-2 共享數位圖像記錄的方法

使用iPad製作的圖像記錄有各種共享的方式，請根據環境和目的來使用。

數位圖像記錄的普及

圖像記錄原本是用白板和模造紙等非數位工具來進行。近幾年來，使用iPad和 Apple Pencil的數位圖像記錄愈來愈普及。以下介紹將使用iPad繪製的圖像記錄共享給他人的方法。

離線時的共享方法

當大家聚集在同一地點的離線場合，可以透過將iPad畫面投影到投影機或顯示器等大型螢幕上，同步與所有的出席者共享繪圖的過程。接下來一起看實際用來共享的器材有哪些。

●在投影機上共享畫面

如果是支援HDMI輸入的投影機，可以透過轉接器和HDMI線來連接iPad。優點是，只要有一面牆可以投射，就能顯示出放大後的影像，適合大型的會場。缺點是，隨著照明環境的不同，畫面可能出現模糊或色偏的情況，請多加留意。

●在顯示器上共享畫面

與投影機相同，可以透過轉接器和HDMI線來連接iPad。相較投影機，優點是畫面清晰，文字等的辨認性高，缺點是顯示器的尺寸有限。適合參與人數在十幾人以內的會議。

●使用Apple TV 無線共享

如果想要無線共享，建議透過Apple TV來連接投影機和顯示器。如此就可以拿著iPad在會場自由走動。用在研討會等會與參與者頻繁互動的場合，會相當有效果。

連線時的共享方法

最近愈來愈多像遠距會議一樣，在線上進行討論的情況。以下介紹在線上與參與會議的人共享圖像的方法。

●**透過 iPad 在線上會議系統共享畫面**
使用線上會議系統的畫面共享模式，就能同步分享圖像記錄的過程。

memo

線上會議軟體 Zoom 和 Google Meet 的 iPad 應用程式，都可以使用畫面共享模式的功能。

●**全部的參加者都可以參與繪圖的數位白板**
近年來開發了各種線上共同編輯的工具，讓大家能夠在同個畫面上一起繪圖。換言之，就是數位版的白板。只要活用這類型的工具，全部參與會議或研討會的人就可以一起將想法畫下來。隨著未來遠距會議愈來愈普及，數位白板將會更加活躍。

memo

代表性的軟體有 Google Jamboard、Miro、Mural。

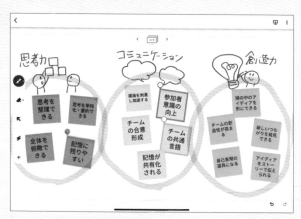

Google Jamboard 呈現出的畫面

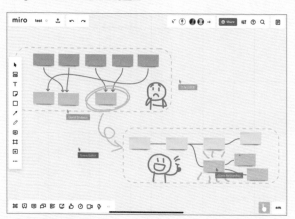

Miro 呈現出的畫面。

會議結束後可以立即共享

　　以數位的方式繪製的圖像記錄，在繪製結束後可以馬上匯出圖片檔案，所以也能快速地與相關人員共享資訊。像是在會議結束後，藉由郵件、閒聊，或是列印分發等方式，都可以**趁資訊還新鮮時與相關人員共享**。此外，還可以貼在報告和提案資料上，或是上傳至網站和SNS。**如上所述，數位資料可以簡單、快速地和許多人分享，因此方便活用於各種方面。**

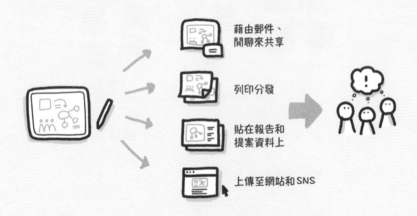

藉由郵件、
閒聊來共享

列印分發

貼在報告和
提案資料上

上傳至網站和SNS

Column 數位圖像記錄的準備和設定

以下介紹iPad的相關準備和設定Procreate的訣竅，以幫助想要進行數位圖像記錄的人。

iPad的相關準備

●貼上擬紙感保護貼，可以像在紙上般地繪製

IPad的螢幕表面很光滑，筆尖容易打滑，有時會很難畫出細小的文字。只要貼上再現紙質的擬紙感保護貼，就能像在紙張上般地繪製。

●關掉通知

在繪製的過程中，如果畫面中出現郵件等通知，很容易會對工作造成干擾。因此，在正式繪製時，請以關掉網路等方式來關閉通知。

設定Procreate

●畫布尺寸設定為表示尺寸的兩倍

將畫布設定為較大的尺寸，以避免事後放大繪製的圖像時出現模糊的情況。舉例來說，如果要輸出到Full HD（解析度1920×1080）的顯示器上，建議使用兩倍大的畫布，也就是解析度3840×2160。

●將畫布設定為方格紙

如果從畫布的設定中，打開「繪圖參考線」顯示出格線的話，素面的畫布就會變成如同方格紙般的格線畫布。格線不僅有助於繪製文字和圖樣，還可以在放大畫布時，作為放大比例的標準。

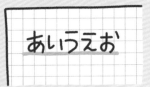

●將要使用的顏色新增在調色盤中

事先將使用的顏色新增在調色盤中，就能順利切換筆刷的顏色。

●打開「專案畫布」顯示全螢幕

從設定打開「專案畫布」功能後，輸出到顯示器等器材上時，就能顯示出全螢幕的畫布。這個功能會在輸出的螢幕上隱藏手邊iPad可見的工具欄。

memo

可以在 note 上的文章確認詳細的設定方法等資訊。

「為了在 iPad 上進行圖像記錄的 iPad 相關準備和設定 Procreate 的訣竅」
https://note.com/kuboasa/n/ne9e23142d6f3

Appendix

圖像庫

圖像庫彙集了大量圖畫和插圖的表現方式，即所謂的「插圖字典」。了解各種表現方式後，就能夠在想畫圖的時候順利畫出來。此外，也可以從第9頁標示的網址上下載全套圖像庫。無論是要印下來練習繪圖，還是用於提案資料或是企劃案中都可以，請自由活用這些圖像。

圖示 ① （生活）

01-01
智慧型手機

01-02
電腦

01-03
相機

01-04
麥克風

01-05
鉛筆

01-06
資料

01-07
書

01-08
迴紋針

01-09
汽車

01-10
火車

01-11
腳踏車

01-12
火箭

01-13
房子

01-14
椅子

01-15
沙發

01-16
洗衣機

01-17
眼鏡

01-18
咖啡杯

01-19
指南針

01-20
放大鏡

圖示 ② （研究企劃）

02-01
想法

02-02
目標

02-03
終點

02-04
里程碑

02-05
決策方針

02-06
規劃圖

02-07
障礙

02-08
過程

02-09
時間

02-10
剩餘時間

02-11
日程表

02-12
任務

02-13
任務管理

02-14
信件

02-15
對話

02-16
成員

02-17
團隊

02-18
組織

02-19
提案

02-20
會議

03-01
全球

03-02
金錢1

03-03
金錢2

03-04
價值

03-05
購物

03-06
業績

03-07
工作

03-08
宣傳

03-09
雲端

03-10
客戶支援

03-11
組織

03-12
付款

03-13
排名

03-14
市占率

03-15
策略

03-16
報告

03-17
趨勢

03-18
公司

03-19
店鋪

03-20
工廠

箭頭

09 - 01
進入

09 - 02
出去

09 - 03
通過

09 - 04
繞過

09 - 05
折返

09 - 06
反彈

09 - 07
陷入僵局

09 - 08
脫身

09 - 09
螺旋

09 - 10
遞升

09 - 11
衝突

09 - 12
擴散

09 - 13
收縮

09 - 14
反覆

09 - 15
循環循環

09 - 16
統一

09 - 17
分離

09 - 18
分岐

09 - 19
擴大

09 - 20
縮小

感情 ①

04 - 01
開心 1

04 - 02
開心 2

04 - 03
開心 3

04 - 04
生氣 1

04 - 05
生氣 2

04 - 06
生氣 3

04 - 07
難過 1

04 - 08
難過 2

04 - 09
難過 3

04 - 10
嚇一跳 1

04 - 11
嚇一跳 2

04 - 12
嚇一跳 3

感情 ②

05-01
靈光一閃

05-02
察覺

05-03
心動

05-04
失望

05-05
生氣

05-06
思考

05-07
煩惱

05-08
發現

05-09
疑問

05-10
擔心

05-11
消沉

05-12
幸運

情境 ①

06-01
散步

06-02
搭車

06-03
對話

06-04
提案

06-05
開會

06-06
滑手機

06-07
講電話

06-08
睡覺

06-09
繪圖

06-10
吃飯

06-11
工作

06-12
閱讀

情境 ②

07-01
朝目標前進

07-02
達成目標

07-03
遠望

07-04
猶豫

07-05
跨越障礙

07-06
進入

07-07
培育

07-08
解決

07-09
累積

07-10
觀察

07-11
抓住

07-12
發現

08-01
取得平衡

08-02
挖掘

08-03
鍛鍊

08-04
追趕

08-05
溺水

08-06
沉重的壓力

08-07
實驗

08-08
呼叫

08-09
合作

08-10
對立

08-11
帶領

08-12
獲取

參考文獻

「アイデアがどんどん生まれるラクガキノート術 実践編」
(タムラカイ、枻出版社)

「アイデアスケッチ アイデアを〈醸成〉するためのワークショップ実践ガイド」
(James Gibson、小林 茂、鈴木 宣也、赤羽 亨、ビー・エヌ・エヌ新社)

「デザイン仕事に必ず役立つ 図解力アップドリル」
(原田 泰、ボーンデジタル)

「手塚治虫のマンガの描き方」
(手塚 治虫、講談社、[文庫] 光文社、[Kindle] 手塚プロダクション)

「ビジュアル・ミーティング 予想外のアイデアと成果を生む「チーム会議」術」
(デビッド・シベット、朝日新聞出版)

「一看就懂的會議圖表記錄術！」
(清水 淳子、楓書坊)

「UZMO – Thinking With Your Pen」
(Martin Haussmann、Redline Verlag)

●作者簡介

久保田麻美

出生於1993年，現為設計師。自九州大學藝術工學部畢業後，以設計師的身分
就職於設計顧問公司softdevice。在參與家電、車子、醫療機械等UI／UX設計
的同時，實際運用以圖畫和圖表將想法和對話視覺化的圖像記錄。從會議、演講
的圖像記錄，到製作資訊圖表、企業想法視覺化，應用範圍相當廣泛。共同著作
《アフターソーシャルメディア》（日經BP）。

https://twitter.com/kubomi＿＿＿＿
https://note.com/kuboasa

協力
株式会社ソフトディバイス

設計　　　武田厚志 (SOUVENIR DESIGN INC.)
排版・製作　木村笑花 (SOUVENIR DESIGN INC.)
插畫　　　久保田麻美
編輯　　　関根康浩

はじめてのグラフィックレコーディング
(Hajimete no Graphic Recording: 6488-5)
© 2020 ASAMI KUBOTA
Original Japanese edition published by SHOEISHA Co..Ltd.
Traditional Chinese Character translation rights arranged with
SHOEISHA Co.,Ltd. through CREEK & RIVER Co. Ltd.
Traditional Chinese Character translation copyright © 2021
by MAPLE LEAVES PUBLISHNG CO., LTD.

給新手的圖像簡報會議技巧

出　　　版／楓葉社文化事業有限公司
地　　　址／新北市板橋區信義路163巷3號10樓
郵 政 劃 撥／19907596　楓書坊文化出版社
網　　　址／www.maplebook.com.tw
電　　　話／02-2957-6096
傳　　　真／02-2957-6435
作　　　者／久保田麻美
翻　　　譯／劉姍珊
責 任 編 輯／王綺
內 文 排 版／謝政龍
港 澳 經 銷／泛華發行代理有限公司
定　　　價／350元
初 版 日 期／2021年10月

國家圖書館出版品預行編目資料

給新手的圖像簡報會議技巧 / 久保田麻
美作；劉姍珊翻譯. -- 初版. -- 新北市：
楓葉社文化事業有限公司, 2021.10
　面；　公分

ISBN 978-986-370-316-7（平裝）

1. 簡報　2. 圖表

494.6　　　　　　　　110010754